人生は、いくつになっても素晴らしい

ダフネ・セルフ

幻冬舎

わくわくすることを思い描いて、
きらきらした目で世の中を見る。その心の輝きは、
美しさとなってあなたの顔に表れます。

健康であるために、毎朝、30分くらいかけて、
バレエのエクササイズやヨガ、ピラティスをしています。
運動が大好きなのが、私の元気の秘訣です。

年相応なんていう言葉は嫌いです。
年齢なんて関係ないのです。固定観念に縛られず、
好きな服を着るだけです。

人生は、山も谷もすべてが神様からの贈り物。
たった一度のあなただけの人生を、思う存分楽しんでください。

人生は、いくつになっても素晴らしい

www.daphneselfe.com

人生は、いくつになっても素晴らしい　目次

はじめに　012
美の秘訣は、たくさん笑うこと　014
うまくいかないときは、それでいい　016
心地よく感じることを選択する　018
いろいろなことに関心を持つ　020
人に会わなくても、メイクする　022

靴がつないだ縁 024
勝ち気で前向きな母 027
本物は、時間が経っても色あせない 030
社交的で音楽好きな一家 032
長くは続かなかった裕福な生活 034
私は私。誰かと比べる必要はない 036
お金がなくてもできること 038
やせがまんが、最初のおしゃれ 040
帽子は、おしゃれな自己主張 042

はじめての学校、はじめての寄宿生活 044
制服が決めた私の進路 046
似合うものをとことん求める 048
親がすべてわかっているわけではない 050
好きだからこそ、続けられる 052
乗馬を通じて学んだ、自己管理 054
お祝いは、
革のドライビング・グローブ 056
どんなときも、ポジティブに 058
自分の仕事に責任を持つ 060

休憩時間にもファッションを勉強 062
はじめてのカバーガール 064
デパートを辞めて、モデルの道へ 066
小さなアパートでの一人暮らし 068
自然の中で体を動かす 071
バレエとの出会い 075
カメラアシスタントが、バレエの初舞台に 077
撮影に必要なものはすべて自前 079
23歳で始めたダンスレッスン 081

仕事は選ばず、何でもやる 083
人生は一瞬にして変わるもの 085
いくつになっても、はじめては楽しい 087
今も昔も働き者の私 089
お手本は、両親 092
ハネムーンは、モンテカルロへ 094
最愛の夫は、物静かで控えめな人 096
工夫に満ちた新婚生活 099
母親業に専念する 101

清潔で暖かければ、それで十分 103
週末にはおしゃれをして出かける 105
中古車を買って 108
自分だけでやろうとせず、
人の助けを借りる 111
流行よりも、自分に合うものを 114
自分に今できることをする 117
最後はきっとうまくいく。そう信じる 119
自分たちの身の丈を知る 122
趣味である裁縫が、仕事に 124

仕立ての仕事から、表に出る仕事へ 127
出張は、社交の時間 129
辛いときこそ、楽しみを探す 131
母から教わった「きちんとしている」こと 134
子育てのあとの、自分磨き 137
家から離れて、自分だけの時間を持つ 140
悲しみに寄りそう 143
わくわくと不安 146
70歳で、ヴォーグのオーディションに 148

最高齢モデル、すばらしい日々の始まり 151
楽しげに、さっそうと歩く 153
人との出会いが私の財産 156
自分について考える 159
80歳を超えた今だから、できること 161
中国版『ヴォーグ』の撮影 163
中国のあとはパリへ 168
ダンス、ダンス、ダンス 171
少女のころの気持ちを忘れずに 173

物事にこだわらず、何でもやってみる 176
行き先がわからなくても 180
ポール・マッカートニーのプロモに出演 183
歳を重ねたからこそ、できること 185
人生は、何が起こるかわからない 187
気に入ったものはとことん使う 190
抗うよりも、受け入れる 192
しあわせを自分で探す 196

はじめに

私の著書『人はいくつになっても、美しい』を、たくさんの日本の方に読んでいただき本当にうれしく思っています。

自分が楽しく、わくわくすることを日々考え、行動してきた私の生き方が、こんなにもみなさんに受け入れていただけるなんて、想像もしていませんでした。

やはり、人生はいくつになってもすばらしいものです。

歳《とし》を重ねれば重ねるほど、ほかの人とシェアできる知恵や人生経験が増えていくのだと、あらためて思いました。

88歳でモデルをしている私の生き方を知り、元気が出たというお便りもいただきました。

そして、それらの中に、これまでどのような人生を歩んできたのか、私の生き方をもっと知りたい、という声もありました。

そこで本書では、ここまでの私の人生について、お話ししたいと思っています。同じ朝はめぐってきません。今年で90歳になる今でも、私は毎朝、どきどきしながらカーテンを開けています。

あなたの今日という日を、思う存分楽しんでください。

ダフネ・セルフ

美の秘訣は、たくさん笑うこと

「若さの秘訣《ひけつ》はなんですか？」とよく訊《き》かれます。

私は、整形手術もボトックスもしたことがありませんし、白髪も染めていません。

そもそも歳を重ねるということに対して、否定的な気持ちがまったくありません。

健康であるために気をつけていることは、きちんと食べること、睡眠をとること、そしてエクササイズをすることです。特別なことはしていません。

毎朝、まず水を飲みます。それから、エクササイズをします。その後、スキンケアとメイクをして、朝食です。

朝食は、果物やヨーグルトをかけたミューズリー、そして緑茶を飲むのが習慣です。

食事は、鶏肉や魚、野菜と果物を中心に食べますが、そんなにストイックではありません。チョコレートなどスイーツもときどき自分へのご褒美としていただきます。ただ、どれも適量、食べすぎないように量には気を配っています。出来合いのものや炭酸飲料などは、特にとりすぎないよう気をつけています。

エクササイズも若いときからずっとしています。家で毎朝、20～30分くらいかけて、バレエのエクササイズやヨガ、ピラティスをしています。

乗馬やダンス、サイクリング、ウォーキングも日常的にしています。毎日の庭いじりや家事も立派なエクササイズのひとつです。

運動が大好きなのが、私の元気の秘訣です。好奇心を持ちポジティブに取り組むことで、内面からも健康的であることを心掛けています。

あと、たくさん笑うことも重要。笑顔はシワとりと同じくらい美の効果があると思います。

誰でも歳をとるのですから、それも楽しむのが大切です。

うまくいかないときは、それでいい

人生、うまくいくときばかりではありません。

でも、物事がうまくいかないときは、それはそれでいいのだと思います。自分自身を精神的に強くしてくれる、とても貴重な機会です。

結婚後にモデルの仕事に復帰しようとした時期があったのですが、オーディションに行っても断られてばかりでした。ツイッギーのようなモデルが人気だった当時、乗馬をしていたこともあり、長身でがっしりとした体型の私はランウェイにはふさわしくなかったのだと思います。

でも、落ち込む必要はありません。自分自身がだめなのではなくて、ただそのときの相手の要望と自分自身がマッチしていないだけ。自分のしている仕事にプロフェッショナルとしての姿勢でただ挑み続けるだけです。

だから、新しいことに挑戦するのを恐れたことはないし、いつもトライしてきました。

チャンスは一度きりです。人生はあっという間に過ぎ去ってしまいます。いつまでも落ち込んでいる時間はありません。

心地よく感じることを選択する

さまざまなスタイルを体験して、流行にとらわれずに自分の体に似合う服を身に着けることが大切です。自分のいいところを見せつけ、欠点を目立たせないように着飾ってください。

私は、くすんだ色ではなく、鮮やかな色をまとうことにしています。特に紫やピンクが好きです。お気に入りの明るい色を身に着けることで、自分だけでなく、周りの人の気持ちまで明るくできますから。

年相応なんていう言葉は嫌いです。

年齢なんて関係ないのです。固定観念に縛られず、好きな服を着るだけです。

ただ、気をつけるべきは、姿勢です。ちょっと姿勢を正すだけで、まったく見た目が違ってきます。きれいな姿勢なら、どんな服も堂々と美しく着こなせます。

また、よく鏡を見ることです。大切なのは、後ろ姿までチェックすること。もし、イマイチだと感じたら着替えましょう。身にまとったときに、なんて素敵なんだろうと思えない服は、そう思えるものにすぐに着替えてください。

いろいろなことに関心を持つ

好奇心を持って、幅広いことに興味を抱く姿勢は何より大切だと思います。物事に興味がなくなってしまうと、自分自身を楽しめなくなってしまいます。

何か夢中になれることを持つのは重要だし、それがあるかないかで人生には大きな差が出るはずです。

私は外出することが多いのですが、劇場に足を運んだり、素敵な庭園を見に行ったり、友だちと会ったり……。いろいろなことに関心を持って、「知りたい」、「見たい」、「やってみたい！」と感じると、歳をとっていることすら忘れてしまいます。

また、シニア世代になるとおしゃれや自分を美しく見せることに関心がなくなってしまう人もいますが、それでは自信がなくなるいっぽうですし、少し頑張って着飾ってみるべきだと思います。

私はその日の予定に合わせて、ドレスアップをして出かけるのですが、特に鮮やかな色の服を選ぶのが好きです。髪の毛もショートヘアにしてしまう人が多いけれど、私は美容室に通うお金があれば、どこか楽しいところに出かけるほうを選びます。

結局、美しくあり続ける秘訣は、いつまでも新鮮な気持ちで好奇心を持ち続けることなのだと思います。

人に会わなくても、メイクする

スキンケアも特別なことはせず、ベーシックなケアを大切にしています。朝晩の洗顔・保湿は、清潔感のある輝く素肌を保ってくれるもの。アーモンドオイルやローズウォーターなどの手ごろな自然派化粧品は、必要なすべてを担ってくれます。

出かける用事がない日でも、メイクは必ずします。メイクは、毎日ほどよく。マスカラを少し、チーク、口紅。それだけで気分がだいぶ変わります。人のためではなく、自分のためにするメイクもいいものですよ。

何もすることがないと思ったら、私は友人に会うなど社交的なことをします。とにかく外に出かけます。もちろんメイクして。今でも、毎日忙しく動き回っています。

ゆっくりするのは、お墓に入ってからでいい。94歳の親しい隣人は、「まだ若いのだから、できるうちに何でもしなさい」と私にアドバイスしてくれます。

靴がつないだ縁

私の父と母が出会ったのは1915年の夏。

当時流行《はや》ったシングルストラップのカンバス地のローヒールがキューピッド役でした。その靴は、おしゃれな女の子が読んでいたアメリカの雑誌『ハーパーズ・ウィークリー』で取り上げられていたものでした。

父はその夏、インドから帰国したばかりの兄家族（兄、兄嫁、5歳の甥っ子ジョン）とともにサフォーク州のローストフトに滞在していました。そこは、1760年代からファッショナブルな場所として人気があり、ビーチや美しい夕日で有名でした。

ある日の午後、父が滞在していた部屋のバルコニーに、靴が降ってきました。父はすぐさまその靴を拾い、上の階の部屋へと向かい、ドアをノックしました。

「バルコニーに落ちてきたんです。こちらの、どなたかの靴ではないかと思うのですが……」

その部屋にはギャラウェイ一家が滞在していました。

とび色の髪に青色の目、頬骨の高い、典型的なアイルランド系美人のアイリーン（私の母）がその靴の持ち主でした。

「私のだわ。さっき洗ってバルコニーに干したところだったの。わざわざ持ってきていただいてしまって、ごめんなさい」

自己紹介をするころには、父はもう母に一目惚《ひとめぼ》れしていたそうです。

その後、両家族は海辺で散歩やおしゃべりを楽しんで過ごし、父はその日のうちに母にプロポーズしたとか。

けれども母はそのプロポーズをその場で断ったのだそうです。当時母は何人もの男性から求婚されていて、21歳の母にとって、30代半ばだった父を結婚相手として考えることは到底できなかったというのが理由でした。

けれどもその後も家族ぐるみの付き合いは続き、数年後ふたりは結婚することになるのです。

ファッションモデルとなった私の両親の出会いのきっかけが、「靴」だったとは、とても運命的なものを感じます。

勝ち気で前向きな母

母アイリーンはギャラウェイ家の6人きょうだいの末っ子として1893年に生まれました。家族からはずっと「ベイビー」というニックネームで呼ばれていました。音楽の才能があって、祖母エミリーから勝ち気で前向き、社交的な性格を受け継いでいました。

王立音楽院（RAM）の入学試験に失敗したあとはしばらく落ち込んで、精神的に参った時期もあったそうです。

けれども持ち前の前向きな性格によって復活し、毎日4時間のピアノの練習とイタリア人の先生のもとでの声楽のレッスンを姉ガーティとともに続け、ウィグモア・ホールやセント・マーティン・イン・ザ・フィールズ教会、スキナーズ・ホール、フィッシュモンガーズ・ホールなどロンドンのさまざまな場所で演奏していたようです。物持ちが驚異的にいい私は、なんと当時のプログラムをいくつかまだ持っています！

とびきりの美人であった母は当時、無線電信を発明したグリエルモ・マルコーニとも交流があり、おとなしい30代半ばの教師である父は「対象外」だったのかもしれません。

母の婚約者――最初の婚約者ハリー・スターフォードと次の婚約者トム・ケイド――は戦死してしまい、戦後婚約したバート・ウィンザーとも結婚することはありませんでした。実はウィンザーさんとは友だち付き合いは続いていて、私自身も会ったことがあるのですが。

母が9歳のとき、祖父が42歳の若さで亡くなって、祖母は兄フレッドの支援を受けながらも苦労して5人の子ども（2番目の子ドラは幼くして事故で亡くなりました）を育てました。母の心の底にもきっと、父親のような男性を求める気持ちや、「安定」を求める気持ちがあったのではないか、私はそんな風に思っています。

ともかく、母が３人の男性と婚約した間も、父はずっと母のことを思い続けていたわけです。

そして、第一次世界大戦で多くの若い男性が亡くなり、年上の男性との結婚が、とても「ふつうのこと」になったことも、父と母が結婚する後押しになったのかもしれません。

１９１９年8月9日、ついに母は父のプロポーズを受け、ミセス・セルフになりました。

父が途中であきらめていたら、私はいなかったのだと思うと、父の辛抱強さに本当に感謝です。

本物は、時間が経っても色あせない

父フランシスと母アイリーンは、父が81歳で亡くなるまで、しあわせな結婚生活を全《まっと》うしました。大恐慌や第二次世界大戦など、数々の困難もふたりで乗り越え、喧嘩《けんか》らしい喧嘩もせずに。

私の実家セルフ家のボスは明らかに母でした。そして、父は完璧なジェントルマンでした。

父は母と結婚するまで、長い間待ち続けましたが、父にとって母は、そして母にとっても父は、唯一の運命の人だったのではないかと思うのです。

結婚式の日、母が着ていたウエディングドレスは、１９２０年代を先取りしたファッション。もののない終戦直後に、母はどうやって布地やレースを手に入れたのだろうかと思うのですが、写真の中の母は、ドロップウエストの、刺繍《ししゅう》をほどこした2層の優雅なレースのドレスを身にまとっています。

さらに特筆すべきは、繊細な花模様のすばらしいブリュッセルレースのベール。それは1862年に、父の叔母《おば》が結婚式のときに身に着けたものなのです。

父はモーニングコートを着用。もちろん母のはっとするほどのドレスとは比べようもありませんが、ペールグレーのスリムなズボンにステッキ――素敵なボー・ブランメル風のスタイルです。

当時の人たちはみな、結婚式にどんな装いをすべきか、完璧にわかっていたのだなと感心してしまいます。

そして、本物はどれだけ時間が経っても、その魅力が失《う》せることはないのだと、母のベールのエピソードを聞いて思いました。

社交的で音楽好きな一家

母の実家、ギャラウェイ家は社交的かつ音楽が好きな一家でした。毎月第2火曜日の夜は「音楽の夕べ」を開いていたとか。楽譜や詩集を手に、着飾ったお客様たちが集い、サイドボードやワゴンに置かれた祖母手製のサンドウィッチやソーセージロール、スイーツなどを楽しんだそうです。

祖母エミリーは音楽をバックに朗読したりもしていたようです。女優になったらよかったのにというほど朗読が上手だったという祖母。歌も上手で、ピアノ伴奏で『Where My Caravan Has Rested』や『Two Eyes of Grey』『Listen to the

Watermill』などをよく歌っていたそうです。

母自身もとても社交的な性格で、しょっちゅう自宅にお客を招いていました。私が生まれるまでの9年間を「とてもしあわせで、何ひとつ心配事などない時代だった」と母はよく言っていましたが、その時期はシェフやサービス係などを雇って、すばらしいディナーパーティを開いていたそうです。

パーティがある日は、母自身が朝、自転車で買い出しに行き、午後3時にシェフとサービス係それぞれ1名が到着して支度を始め、夜7時半にはフルコースのディナーパーティをスタートさせるのです。そのふたりは大変働き者で、食事の後片付けも完璧だったとのこと。

母はよく、「すばらしいシェフが10シリング6ペンス、完璧なサービス係が7シリング6ペンス払えば雇えた時代がなつかしい」と言っていました。

長くは続かなかった裕福な生活

父フランシスは1878年、サウス・ロンドンのサイデンハムで生まれました。祖父のジョン・セルフは銀行勤めで、一度離婚しており、父は2回目の結婚での子どもで、8人きょうだい。

父は名門パブリックスクールであるダルウィッチ・カレッジで優秀な成績をおさめ、教師になりました。

イーストボーン・カレッジで教えていたころ、どんなに出来の悪い生徒にも「先生、とってもわかりやすいです!」と言わせるほど教え方がうまく、また、スポーツ万能でスカッシュやテニス、クリケット、ボート競技などありとあらゆるスポーツをし、ゴルフ部も創設したとか。

実は音楽や演劇も得意で、ギルバート・アンド・サリヴァン（劇作家のウィリアム・S・ギルバートと作曲家のアーサー・サリヴァン）のコミック・オペラに関しては、セリフや歌をすべて暗記していて、演じることができたそうです。

1929年、アメリカ・ウォール街の大暴落があった年に、父はそれまで住んでいたサールストーンを離れ、チルターンコートに移り住み、そこで大学入学を目指す子弟を指導するための寄宿学校を経営することにしました。その土地を選んだのはオックスフォードやロンドン、ケンブリッジからアクセスが良かったためです。

最初の年、生徒6名で学校はスタートし、家では執事やシェフ、庭師など、6名の使用人が働いていました。

けれども、そのしあわせで、裕福な生活は長くは続きませんでした。1931年、イギリスが金本位制を離脱した年、両親は財産を失い、しばらくして学校も閉鎖しなければならなくなり、私たちは小さなアパートへと引っ越しました。

私は私。誰かと比べる必要はない

私は父と母が結婚して9年後に生まれた子どもです。予想外の妊娠だったか、両親が子どもを作るのを先延ばしにしていたか、その辺のことはわかりません。母が子どもを欲しかったのかどうかもわかりません。

母は私を産んだ1928年7月の日曜日の午後、出産の辛《つら》さから「二度とごめんだわ！」と言ったそうで、結果的に私は一人っ子となりました。

当時両親はコブハムに住んでいましたが、母は実家のそばで私を産みたいと考え、マズウェル・ヒルにある病院で出産――私は生粋《きっすい》のロンドンっ子というわけです。

私のそばには常に、友だちやいとこたちが大勢いて、一人っ子であることを寂しいと思ったことは一度もありません。

また、一人っ子だから両親の愛情を独り占めにできる、という風に思ったこともありません。私は私。誰かと自分を比べることも、比べられることもなく、小さいころからずっと、私はしあわせでした。

妊娠中の母の写真は1枚もありません。当時、おなかが大きいときに記念に写真を撮っておく、というような習慣がなかったからかもしれません。または、母が嫌だったからか——理由はわかりませんが。

お金がなくてもできること

父親が全財産を失ったことによる引っ越しは、ショックな出来事だったに違いないのですが、当時の父や母は、まったくそのようなそぶりを見せなかったそうです。また、母が当時のことを後悔したり、嫌な思い出として語ったりしたのを聞いたこともありません。6人の使用人がいる生活を失ったことを、母はまったく気にしていなかったのです。

母は引っ越しが好きでしたし、なんといっても母には、お金に余裕がなくても家の中をおしゃれにする才能がありました。

マズウェル・ヒルに移ってからしばらくすると、私はとても楽しい生活を送るようになりました。

母は近所の子どもたちをしょっちゅう家に招いてくれて、一人っ子の私も、遊び相手に困ることはありませんでした。さらに母は、とびきりおいしいお菓子やアイスクリームを手作りしてくれました。

手作りといえば、当時経済的に余裕がなかったこともあり、母は私の洋服も作ってくれました。刺繍や編み物も得意でした。

私は一人っ子でしたし、たまたまいとこたちがみな私よりもかなり年上だったこともあり、「おさがり」というものを着ることなく成長しました。

やせがまんが、最初のおしゃれ

小さいころ、お呼ばれのときはいつも、ぴかぴかのエナメルの靴を履いて、母のお手製のオーガンジーのドレスを着ていました。あのドレスのちくちくする感じを今でも覚えています。

当時のお母さんたちはみんな、映画の中でシャーリー・テンプルが着ていたような服を娘に着せたがっていたようです。そして、小さな女の子はみんな、シャーリー・テンプルのようになりたいと思っていました。

私はシャーリー・テンプルと同じ、1928年生まれ。体つきも天然パーマでくるくるの髪も、シャーリーとそっくりで、父の友人の俳優ジョージ・レルフが私をアメリカに連れていって、イギリス版シャーリー・テンプルとしてデビューさせようと考えたほどでした。私の母は娘にそういうことを望むような人ではなく、この企画が実現することはなかったのですが。長い間、私はこのときに逃したチャンスがどんなに大きなものだったか、気づかないままでした。

母はファッションが大好きで、いつも私にプリンセスのような格好をさせていました。ミシンで何でも縫ってしまうのです。白鳥の羽根飾りをつけたドレスや、フリルがたくさんついたスカート。白鳥の羽根飾りのボレロまで作ってくれました。髪型にもこだわりがあって、ブロンドに染めていました。

羽根飾りはときどき肌に刺さるし、オーガンジーはちくちくするけれど、友だちと同じような格好がしたい、つまり、シャーリー・テンプルみたいになれるなら、何でもしようと思っていました。

私にとってこれが、人生で最初のファッションへのこだわり、やせがまんだったかもしれません。

帽子は、おしゃれな自己主張

母はいつもフェミニンな服に身を包み、夏にはかわいらしいプリントのドレスを着ていました。

１９２０年代に帽子が流行してから、ボンネットからクローシェまで、女性たちはさまざまな帽子をかぶっていました。

帽子は会話のきっかけにもなるものです。そして、ファッションでの自己主張として、すばらしいものだと思います。私は母が好んでかぶっていた素敵な黒のストローハットを今でも持っています。

夜出かけるときはいつも、母はポンズのバニシングクリームとフェイスパウダー、ブルジョワの頬紅というメイクアップをしていました。母は口紅をまったくつけたことがありませんでしたし、当時マスカラは舞台用のメイクアップに限られていました。

母より上の世代の女性は、頬紅もつけず、白鳥の綿毛のパフでおしろいを軽くはたく程度で、お化粧をほとんどしなかったと思います。

今と違って、40代の人はすでに「おばあさん」ぽく、野暮ったい服装しかしませんでした。私は子ども心に、当時の年配の女性たちが真珠の首飾りや指輪、ぶらさがるタイプの耳飾りなどのジュエリーをたくさん身に着けていたのを覚えています。

今では、40歳なんてまだまだ若者です。そして、89歳の私も、おしゃれを日々楽しんでいます。

はじめての学校、はじめての寄宿生活

マズウェル・ヒルに住んでいたとき、聖マーティンズ修道院という、家からすぐそばにある教会の学校に通っていました。私は5歳でした。

ある日、嫌なことがあった私は、突然ランチタイムに走って家へ帰ろうとしたのですが、大通りをうまく渡ることができず、知らない男の人に手助けしてもらいました。家でその話をしたところ、両親は驚きと怒りで髪の毛が逆立つほどだったようです。

8歳のとき、ロンドンから遠く離れた、ウエストン・スーパー・メアにある寄宿学校ウエストクリフ・スクールに転校しました。誰かが私にぴったりな学校だとして、父に推薦したのだと聞いています。

寄宿学校に入るにはまだ早い年齢だったかもしれませんが、私はまったく問題なく転校を受け入れました。むしろ、そこに行くことは私にとって当たり前のことのように思えたし、とってもわくわくしたのを覚えています。

私が寄宿学校で一番気に入ったのは、いつでもそばに話し相手や遊び相手がいるということでした。

祖母や母と同様、社交的な性格でいつも元気いっぱいの私にとって、同じような年齢の子どもと常に一緒に過ごせる寄宿学校は、これ以上にないぴったりの環境だったのです。

制服が決めた私の進路

1941年9月、13歳のとき、当時両親が住んでいたカヴァシャムにあるクイーン・アンズ・スクールに転校しました。

両親が学費をどうやって工面したのか想像もつきません。学校教師の父の稼ぎはそれほど良くなく、家計を支えるために母も近くの学校で寮母補佐として働いていました。第二次世界大戦下の当時、母のような一般の主婦も働きに出るのがふつうになっていました。

実は、クイーン・アンズ・スクールへの転校は、母のファッションへのこだわりがきっかけでした。

カヴァシャムの家のそばで真紅のマントをまとった女生徒を見かけた母は、「なんておしゃれなの！」と思ったそうなのです。その真紅のマントこそ、クイーン・アンズ・スクールの制服でした。

似合うものをとことん求める

14歳になった私は、両親に乗馬のレッスンに通わせてくれと懇願しました。父も母も乗馬の経験も関心もまったくないのに、突然変異のように私は馬が好きになってしまったのです。

長い時間をかけて両親を説得し、ついに私は、自宅からすぐ近くのところにあったジョージ・ヴィンセント・フランシス経営の厩舎《きゅうしゃ》に通うことになりました。フランシスさんはさまざまな大会で賞をとっている有名人で、私もいろいろな大会に彼を見に行ったものです。フランシスさんには、ディックという空軍で働いているハンサムな息子がいました。戦後、彼は小説家に転身、ミステリー作家として成功しました。

はじめは、フランシスさんのアシスタントのアンジェラ・ゴフの指導を受けました。本来はポニーから始めるのですが、私は背が高すぎていきなり大きな馬に乗ることになりました。私にあてがわれたのは、とてもおとなしいブラウン・アウルという馬でした。

はじめのころ私は、ジョッパーズにレースアップシューズというういでたちでした。その後、アンクルブーツに乗馬ズボンという服装になりました。ゲートル付きのブーツは女性物がなくて、男性物を買うしかありませんでした。ゲートルはボタンフックでとめなければならないのですが、足の保護のために必要でした。

背が高く、肩幅が広い私には、乗馬服がよく似合いました。そして、乗馬服のすっきりとした男性っぽいスタイルが、私の好みにも合っていました。

ただし私は父に似て腕が長く、既製品は合わないので、近くのデパートでセミオーダーのツイードのジャケットを買わなくてはなりませんでした。

親がすべてわかっているわけではない

16歳のとき、大学入学資格試験に合格しました。大学への進学資格を得たということです。けれども私は大学というものにまったく関心がありませんでした。そういう時代だったということもあります。当時大学に行く女性は少なく、その年ごろの女性はたいてい看護や美容、教育の分野で職に就くか、結婚するかでした。

私が興味があったのは馬だけ。けれども、それを仕事にするのは非常に難しいであろうこと、少なくとも両親を説得するのが至難の業であることはよくわかっていました。

１９４５年に17歳で学校を卒業すると、スウェーデン式マッサージのセラピスト養成学校に入学しました。これは、学校の先生と母とが決めた進路でした。私はこのとき、親は子どもにとって何がベストか必ずしもわかっているわけではない――ということを知った気がします。

入学試験の面接に通って、サウスケンジントンにある学校に通い始めたのですが、そこでの勉強はなかなかうまくいきませんでした。実技はいいのですが（大きな手がマッサージ向きだったともいえます）、生物と化学がまったくできなかったのです。

数週間格闘した末に、私はついに両親を説得して、その学校をやめました。

好きだからこそ、続けられる

乗馬関係の仕事に就くことについて、なんとか両親を説得することに成功した私は、フランシスさんに相談に行きました。すると、サセックス州フィンドンにある、R・E・プリチャード乗馬学校への入学を勧められました。

残念ながら満員で入学までしばらく待つ必要が生じたため、私はプリチャードさんの息子、ピーターの手伝いをすることになりました。

厩務員の宿舎に住み込みで働くのはかなりの重労働でした。電気もない場所で、明かりといえばろうそくだけ。起床は5時半なのですが、冬場は窓の外のみならず内側も凍り付いているありさまです。起床後、すぐさま馬のところに行き、馬小屋を掃除し、9頭の世話をしてやらなければなりません。あまりの寒さに、少しでも暖かくしようと、乗馬ズボンに新聞紙をつめたこともありました。

とびきり寒い日は、蹄鉄所《ていてつじょ》に馬を連れていくのがご褒美に感じられました。作業が終わるのを待っている間、炉のそばで暖まることができるからです。

ピーターは親切でとてもいい上司でしたが、父親同様、とても几帳面な人でした。掃除のあとには干し草1本たりとも落ちていてはいけないし、干し草は壁際にきちんと積み上げなければなりません。校内の掃除も砂粒ひとつないように仕上げなければならず、毎日ひたすら掃除をしていました。

朝食の時間は9時で、乗馬開始が10時。自分も馬も準備が整った状態で10時を迎えなければならないため、早食いになった気がします。ファッションの世界も同じです。食べるのが早いことは、ファッションの世界に入ってから役立ちました。

どんなに大変でも、苦しくても、好きだからこそ、続けられたのだと思います。

乗馬を通じて学んだ、自己管理

74ポンドの受講料を両親に払ってもらい、ついに私はR・E・プリチャード乗馬学校のインストラクターコースに入りました。プリチャードさんは軍の乗馬学校育ちで非常に厳しい指導者でした。

乗馬を通じて私は、自己管理を学ぶことができたと思っています。乗馬の仕事をする人間は、まめで、時間に正確で、服装にも気を配らなければなりません。そして、何事も自分の馬優先。けれども、馬の面倒をしっかりと見るためには、まずは自分がちゃんとしていなければなりません。

当時の私は将来モデルの仕事をすることになるなどまったく思っていませんでし

たが、今振り返ってみて、乗馬の仕事で鍛えられたことが、その後のモデルの仕事でとても役に立ったと思っています。

ある日私はシルバーという名の小ぶりな牝馬《ひんば》を与えられました。シルバーはなかなかのおてんばで、いきなり私のことを振り落としました。けれども、それはだんだんとシルバーと私の間で儀式のようなものとなり、私は毎朝のようにシルバーに振り落とされては笑っていました。いったん落ち着くと、シルバーはとてもおとなしく扱いやすい馬でした。

私を含め、いろいろな人がシルバーには振り落とされたのですが、乗馬経験が長く、優秀で、最終的にプリチャードさんのアシスタントになったヴェラだけは、シルバーのことも完璧に乗りこなして、一度も振り落とされたことがありませんでした。

ヴェラと私は仲良しになり、ワージングの町に連れだって出かけては、海辺に座ってフィッシュ・アンド・チップスを食べながらおしゃべりをしたものでした。

お祝いは、革のドライビング・グローブ

6か月のコースの最後に、筆記と実技の修了試験に合格すると、英国乗馬協会からインストラクター資格を与えられました。

私はR・E・プリチャード乗馬学校を去り、サセックス州リトルハンプトンにあるローズミードスクールで乗馬インストラクターの仕事を始めました。そこで出会ったリズ・ウェザオールとはまさに馬が合い、いつも一緒に過ごしていました。仕事はもちろん、近くにあるスポーツクラブやパブなどにも一緒に出かけました。

当時私には車のセールスマンをしていたデイビッドというボーイフレンドがいました。デイビッドのおかげで、私が人生ではじめて運転したのは、赤いアルファロ

メオでした！　ほかにも、さまざまな高級スポーツカーを運転することができました。

規定だった12回の教習を受けてから、運転免許試験に一発で合格しました。

自動車の運転は、乗馬インストラクターの仕事に必要でしたし、もともと運転にとても憧れていた私にとって、免許がとれたことは、大きな喜びでした。

合格した日、自分へのお祝いに、素敵な革のドライビング・グローブを買いました。

どんなときも、ポジティブに

プリチャードさんの息子のピーターは、結婚後、サセックス州のディッチリングに住んでいました。

Ｒ・Ｅ・プリチャード乗馬学校の同級生、アン・リンフットが設立した乗馬学校で働いていたとき、突然ピーターから電話をもらい、彼のもとで働かないかと誘われました。自分の馬を持つこともでき、ピーターが大会に出るときに私も同行できるという条件は、飛びつきたいほどすばらしいものでした。幸いアンも賛成してくれたので、１９４８年９月に、私はディッチリングに移りました。

ピーターは広大な土地を所有していて、そこには馬もたくさんいましたが、私の仕事の大半は、農作物の収穫や保管など。たまにトラクターを運転することもありました。

地元の人とも親しくなり、そこでの生活にもすぐ慣れましたが、自分の馬を持つことや、大会に同行できるという話はなかなか実現しないまま、時間だけが過ぎていきました。

乗馬関連のキャリアとして発展がないことに、満たされない思いがつのり、私は実家に戻る決心をしました。

約束を守ってもらえないという経験はこれがはじめてでした。

けれども、長い人生において、これはとても意味のあることだったと思います。

どんなときでも、ポジティブに考えて、次に進んでいくこと――私はこの経験から、そのことを学んだのです。

自分の仕事に責任を持つ

実家に戻った私は、食べていくために仕事を探さなければなりませんでした。

いったい何をしたらいいのだろう。

そう悩んでいたときに、レディングにあるヒーラス・デパート（現在のジョン・ルイス）で働いている母の友だちが口をきいてくれて、コートとスーツの売り場でセールスガールの仕事を得ることができました。

デパートの仕事を始めてからも、私の頭の中は乗馬でいっぱいでした。

毎朝6時に馬に乗ってから、レディングまで自転車で移動してデパートに出勤、定時の8時45分にコートを脱ぎながらタイムカードを押す、という毎日を送っていました。

デパートでの仕事は、常時何かすべきことがあり、忙しくて目が回るほどでした。商品をいつもきれいに整え、お客様の注文を聞き、使い走りをし、送り出すべき荷物のチェックをする……。誰かが病欠すると、その分の仕事もカバーしなければなりません。

責任者のミセス・ケイは50歳ぐらいの素敵な女性でしたが、仕事には厳しい人でした。

きっちりと指示通りに動かなければいけませんでした。自分が販売しているものをしっかり理解すべきというのが彼女の考えで、新しい商品が来るとすべてひととおりチェックさせられました。

休憩時間にもファッションを勉強

仕事中に着るものは、茶色である限りほかに制約はありませんでした。私は、母が頼んでいた仕立屋でニュールックのツーピースを作り、それを制服のようにして着ていました。

デパートに勤務していた時代に私は、だんだんとニュールックの「コツ」をつかんだように思います。スタッフ用の割引もきいたので、ランチタイムにドレスコーナーを見て回りました。

当時のスカート丈はほとんどが膝下、ふくらはぎのあたりまで。

母はフレアスカートをはきませんでしたが、私は好きでした。年配の世代はかっちりしたシルエットのジャケットにスリムラインのスカートを好んでいましたが、私たち若い世代の間では、ふっくらとしたスカートにスリムなウエストラインのシルエットが流行っていました。

このころには、ファッションが大好きになり、ココ・シャネルやクリスチャン・ディオールには常に注目していました。

でも、一番好きだったのは詩人のイーディス・シットウェル。なぜなら、彼女はとっても「奇妙」だったからです。髪型も独特でしたし、当時誰も着ていなかった「エスニック」な服を身に着けていて、とても目立っていました。

デパートでの仕事は、ほんの一時しのぎのつもりでしたが、乗馬関係の稼ぎは限られているうえ、週給3ポンドをもらえるのは、パンが4ペンス、牛乳が5ペンスの時代に、なかなかいい仕事でした。

はじめてのカバーガール

1949年7月、職場でみんなが地元誌『レディング・レビュー』のオーディションの話をしていました。カメラマンがカバーガールを探しているというのです。みんなにけしかけられて応募したところ、びっくりしたことに、なんと私が選ばれてしまいました。

撮影の日、さらに驚いたことに、そのカメラマンは1930年代に両親がカヴァシャムに住んでいたころからの知り合いでした。

家に帰ってこのことを母に伝えると、「え？　ギルバート・アダムス？　知ってるわよ。お父さんがたしか、王室所属の写真家だったのよね」とのこと。こんな風に母は、なんでもよく覚えている人でした。

ギルバートの撮影では、たくさん写真を撮り、そのとき私はカメラの前でどうポーズをとったらいいかを学びました。ギルバートは、一番やせて見える角度で撮る方法や、今書くと当たり前のことのようですが、シャッターとシャッターの合間に瞬きをすることなどを教えてくれました。

ギルバートは当時はまだ新しかった、カラーの写真も手がけていて、私は彼にとっていい実験台でした。私はそのうち、デパートの仕事と並行して、彼が家族写真の撮影をするときに、アシスタントを務めるようになりました。

デパートを辞めて、モデルの道へ

私がはじめてカバーガールを務めた雑誌『レディング・レビュー』は1950年1月に発売となりました。

そのすぐあと、ヒーラス・デパートでファッションショーを開くことになり、わざわざロンドンからもモデル——当時はマヌカンと呼んでいましたが——を呼び寄せました。

モデルが到着してみると、ひとり足りないことがわかり、なぜか私が穴埋めをすることになったのです。やったこともないようなことをするのは不安でしたが、たった一度の経験、なんとかやってみようと思いました。

ショーが終わってから、私は興奮して、モデルのひとりに思わず言いました。「思ったよりずっと楽しかったわ！」

すると彼女がこんな風に勧めてくれたのです。「そうね、すごく楽しそうだった。ねえ、うちのエージェンシーに登録して、モデルの勉強をしたら？」

突然それが、すごくいい考えのように思えました。母も、乗馬関係の仕事よりずっと安全だという理由で賛成してくれました。

4月1日、私はヒーラス・デパートの仕事を辞め、翌日、ロンドンにあるギャビー・ヤングズ・エージェンシーに登録しました。

突然いろいろなことが大きく変わりました。私は自分がようやく「大人になった」気がしました。

もう、乗馬ズボンをはいて馬を乗り回してばかりいる少女ではなくなったのです。乗馬自体はずっと続けていましたが。

小さなアパートでの一人暮らし

モデル・エージェンシーで、ランウェイの歩き方、ハーフターンやポージングなどを学ぶ3週間のトレーニングを受けました。トレーニングでは、女性らしいしぐさで自動車の乗り降りをする方法（膝をぴったり閉じたまま！）や、ヘアアレンジやメイクアップの方法、スカーフやジュエリー、ハンドバッグ、手袋などをいかに効果的に身に着けるかなども学びました。

このトレーニングは、田舎娘だった私にとって、何もかもが素晴らしく刺激的でした。

けれども、一番有益だったのは、いかに仕事を得るか、維持するかというビジネス面での授業。さらに重要だったのは、雇い主から口説かれたりした場合にいかに冷静に対応するか、ということに関するアドバイスでした！

自身もモデル出身のギャビー・ヤングの厳しい眼鏡にかなった登録モデルは、カメラマンのスタジオに行き、いわゆる「宣伝材料」用の写真を撮ることになります。

私は当時経済的な後ろ盾が何もなかったので、フリーランスになる前に、まずは固定の仕事に就いておくようアドバイスされ、マーガレット・ストリートにあるドレスメーカーのランドー・アンド・ダイヤモンドのハウスモデルとして働くことにしました。

ロンドンで仕事をするために、チェルシーに住んでいた叔母と同じアパートを借りることにしました。

アパートの部屋は小さなキッチンとベッドルームの二間で、お風呂場と洗濯場は地下の共有スペースを使う造りでした。

すぐそばにウィニー叔母さんがいてくれるのは心強く、友だちを紹介してもらったり、一緒に演劇やコンサートなどに出かけたりしたおかげで、すぐにロンドン生活をエンジョイできるようになりました。

自然の中で体を動かす

ランドー・アンド・ダイヤモンドには、私を含めて数名のハウスモデルがいました。私たちの仕事は、サンプルのコートやドレスを着て、小売店のバイヤーの前を歩いてみせるというもので、朝9時から夕方5時までの仕事でした。

この仕事は、モデルの仕事を経験するという意味では貴重でしたが、あまりにもフレンドリーな上司と距離を保つのが大変で、4か月後、メイフェアにあるL・ウルフの仕事が決まったときはとてもうれしかったのを覚えています。

L・ウルフは、ランドー・アンド・ダイヤモンドよりもずっと知名度もステータスもあるブランドで、ショーウィンドーには、イブニングドレスにすばらしいミンクのショールをまとったモデルの大きな写真が飾られていました。

そこに自分の写真が飾られることになるのだ、と思ったときの誇らしい気持ちは今でも覚えています。

L・ウルフでは、毛皮を身に着けてバイヤーに見せることのほか、帳簿をつけたり、お客様にお茶を出したり、電話対応をしたりするなど、オールラウンドプレーヤーとして働きました。

毛皮の役割は時代とともに変わってきました。当時毛皮は防寒のために必要な衣類の一種であり、かつステータスでもありました。

L・ウルフでさまざまな毛皮を着て、私にとって毛皮は当たり前のものになり、好きになった毛皮のコートもありましたが、残念ながら自分で買えるものはありませんでした。

私はL・ウルフの雇い主に、とても気に入られていました。ミセス・ウルフは素敵なフランスマダムで、私を磨いて田舎娘からシティガールへと変えようとしてくれました。それは、デザイナーハウスですばらしい黒のドレスを作ってもらったところから始まりました。

毎週、私はマニキュアとヘアをセットしに、それぞれマダム指定のサロンに行きました。ヘアサロンでは毎回シャンプー後にセットをしました。大きいロッドで髪を巻いてから、眉毛《まゆげ》あたりまですっぽりとフード状のドライヤーをかぶり、熱くなりすぎたときに温度を下げるためのコントローラーを手にした状態で1時間。サロンを出たときにはつややかな髪で完璧なスタイルなのですが、週末、バスに乗ってレディングに戻って乗馬をすると、またぼさぼさになってしまうのでした。

L・ウルフで迎えた最初の夏。8月は仕事がとても暇だったので、1週間休みをとってコーンウォールのパドストウで過ごしました。そこに一緒に行ったのは、おさななじみのベリル・ベイトソン。バターフィールド夫人がやっている農家の宿に滞在して、近くを散策したり、海辺に出かけたりして過ごしました。

ティンタジェルのアーサー王の城を訪れたことは一生の思い出になりました。朝、天気が良かったのに突然大雨になり、ずぶ濡れになってしまったのです。

ベリルは買ったばかりの栗色のコーデュロイのパンツをはいていたのですが、雨に濡れたせいで色落ちし始めて、脱いだときには脚がピンク色に！　宿に戻ってから、色移りした衣類を洗うのに一苦労でしたが、ふたりとも笑いっぱなしでした。

都会でおしゃれな生活に慣れていっても、やはり自然の中で体を動かすのが、一番心地よいのでした。

バレエとの出会い

母の友だちである不動産業者のトレバーさんが家具付きの広めの物件を見つけてくれて、バロンズ・コート駅近くのクイーンズ・クラブ・ガーデンズに移りました。トレバーさんと奥さんは、よく私をメイフェア周辺のナイトクラブへと連れていってくれました。たいていは当時流行りのバゲットへ。１９４０年代に当時王女だったエリザベス2世が、ダンス姿を披露したことで有名になったお店でした。

週末乗馬をする以外に何も運動をしていなかったので、何かエクササイズをしようと思い、ノッティング・ヒル・ゲートにあるマーキュリーシアターでバレエのレッスンを受けることにしました。

レッスンをやっているのは劇場所属のランバート・バレエ団。指導者のマリー・ランバートは非常に厳しく、きちんと練習をしないと脚をぴしりと叩《たた》かれました。それでも私はだんだんとバレエに魅了されていきました。

ランバート・バレエ団はすばらしいカンパニーで、私はアントニー・チューダー作のバレエをはじめ、できる限り舞台を観に行っていました。

カメラアシスタントが、バレエの初舞台に

1951年、バレエフェスティバルでのギルバートの撮影の仕事を手伝いました。機材を運んだり、撮影したダンサーたちの名前を記録したりするアシスタントが必要だったのです。バレエの舞台が観られるので、とてもお得な仕事だと思いました。舞台のあと、よくダンサーや舞台クルーと一緒に出かけました。そのときのメンバーの中に、背が高くてハンサムな照明ディレクターのジム・スミスがいました。彼が自分の人生の中でとても重要な存在になるとは、当時は思ってもみませんでしたが。

バレエフェスティバルの間に、突然私は「その他大勢」の一員として、ストラヴ

インスキー作『ペトリューシュカ』の舞台に立つことになりました。カメラマンのアシスタントとして現場に行っただけだったのに、なんという「特典」でしょう。衣装はとてもきつく、なんとか体を押し込んだものの、息をするのも大変なほどでした。

プロのダンサーに囲まれながら、私はバレエの舞台に初参加することにわくわくしていました。

撮影に必要なものはすべて自前

バレエフェスティバルの仕事をしたあと、ふと、フリーランスになろうという気持ちになり、秋のはじめにL・ウルフの仕事を辞めました。

そのときの決断は、今考えても正しかったと思います。その後の数年間、衣類や帽子、シリアル、ビール、ワイン、ジン、ビスケット、ベーコンなど、さまざまなジャンルの広告の仕事を経験することができました。

1950年代のモデルの仕事は、今とはまったく違うものでした。着るものをはじめ、ジュエリーもスカーフもベルトも靴も自前。自前ということは、撮影に必要なものをすべて自分で持っていくことを意味します。車輪付きのキャリーバッグというものがない時代でしたから、モデルは撮影のときいつも、大きな重いスーツケースを運んで回らなければいけなかったのです。

今のモデルは何もかもやってもらえます。モデルがやらなければいけないことといえば、撮影にふさわしい下着を身に着けていくことぐらいですから。

いくつかの有名ブランドのファッションショーも経験しました。エリザベス女王のウエディングドレスをデザインしたノーマン・ハートネルがデザイナーを務めていたブランド、バーカーテクスの仕事は特に気に入っていました。エレガントなドレスも気に入っていましたし、私にとても似合うと思ったのです。

ノーマン・ハートネルは、トップデザイナーでありながら、一般向けの既製服のデザインを手がけた最初のデザイナーのひとりで、その点においても、私はバーカーテクスがとても気に入っていました。

23歳で始めたダンスレッスン

1951年の大晦日、カーバーランド・ホテルでのファッションショーに出演しました。そのショーにはモデルのバックにバディ・ブラッドレイのカンパニーダンサーたちが大勢登場していました。

バディ・ブラッドレイはロジャース&ハートのミュージカル『エバーグリーン』で有名になったアメリカ出身の振付師で、彼自身がダンサー出身、おもしろくてとても魅力的な男性でした。

ショーのあと、バディが私のところにやってきて、こう言いました。「うちのスクールに入らないか?　きみはきっと、いいダンサーになれるよ」

おもしろそう！　私は瞬時にそう思いました。しかもバディはレッスン料を半額にしてくれるというのです。モデルの仕事で生活費を稼ぐことも重要だったため、そのことをバディに話すと、「来られるときにクラスに出ればいいから」と言ってくれました。

23歳で私はダンサーとしてのトレーニングを始めました。できる限りレッスンに行きました。私はダンスのレッスンが楽しくて仕方がありませんでした。アメリカのダンスの複雑なリズムを使うので、タップはとても難しく、苦手でした。けれども、あるレッスンでソロをやったとき、ついにちゃんとできて、クラスメイトが拍手喝采《かっさい》。大きな達成感を味わいました。

私がダンサーとして仕事ができたのは、忍耐強く教えてくださった先生方のおかげだと思っています。

仕事は選ばず、何でもやる

レッスンを積み重ねた結果、私はそれなりにいいダンサーになることができました。しばらくはモデルとダンサーの仕事を両立していました。

また、雑誌社で秘書をしている友だちの休暇中の代理として、ファイリングやタイピング、次号のカバーデザインの手伝いなどのオフィスワークも経験しました。楽しく働くことができましたが、結論からいって、9時から5時までのオフィスワークは活発な私には向かないなと思いました。

ダンサーとしての仕事のほうがずっと好きでした。バディはテレビやナイトクラブのショーの仕事をやっていて、私もＢＢＣの『カフェ・コンティネンタル』という番組に何度か出演しました。

そのほかに、絵画や彫刻のモデルの仕事もしました。これはギルバートに、彫刻家のバーバラ・ヘップワースにモデルが必要かどうか電話して訊いてみたらいい、と言われたことがきっかけでした。

有名な彫刻家に電話をするのはちょっと気がひけましたが、幸い彼女はダンサーの体をデッサンすることに興味があり、その後の数年間、アトリエに何度も通うことになりました。あまりしゃべらない人で、彼女がどんな人なのかはとうとうわかりませんでしたが。

バーバラは私の体を赤や青の色チョークでデッサンしていました。ヌードでポーズをとっていても快適でした。アーティストのためのモデルの仕事は、いわば休暇のときの資金を捻出《ねんしゅつ》するためのプラスアルファの仕事で、気楽といえば気楽でした。ほかに、美術学校でもモデルをしました。

人生は一瞬にして変わるもの

1953年の夏ごろから、そろそろ結婚して家庭を持つことを考えてもいいなと思うようになりました。もうすぐ25歳、そういう年齢だなと思ったのです。

問題は誰と？　男性の知り合いも大勢いましたが、誰ひとりとして恋愛の対象として考えられる人はいませんでした。

そんなある日、王立劇場で行われていたチャリティショーに出演していたダンサーたちに、小道具のカスタネットを届けたとき、バレエフェスティバルのときに知り合った、照明ディレクターのジム・スミスと再会しました。

フェスティバル以降、いろいろな劇場やパーティなどで会うことがあり、すでに友だちのひとりでした。その日彼はステージ・マネージャーを務めていて忙しく、「やあ」とだけ言って立ち去ってしまったのですが、その日私は、自分がジムのことをすごく好きかもしれないということに気づいたのです。

9月、ジムが一緒にバレエを観に行かないかと誘ってくれました。それは、女友だちのリストの中から、その日空いている人を探した、というようなことだったのですが、その日の夜、私たちはお互いを結婚相手として意識するようになったのでした。人生って、一瞬にしてなんと大きく変わるものなのでしょう！

バレエを観たあと、バックストアクラブに飲みに行き、延々とおしゃべりを続けました。演劇やバレエ、ダンスが大好きで、ロンドン生まれ、共通の友だちも大勢いて、互いに共通点が多いことがあらためてわかって——そして、タイミングもぴったりでした。私もジムも、ちょうど結婚したいと考え始めていたところで、まさにちょうどいいパートナーを見つけた、と互いに思ったのでした。

いくつになっても、はじめては楽しい

そのころ私は、昼間はモデル、夜はダンサーとしてナイトクラブでのショーに出演していました。当時のナイトクラブでの仕事は、現在のそれとはまったく違うものでした。

バディは、リージェント・ストリートにあるココナッツ・グローブというクラブで、「ストーリー・バレエ」と呼ばれるものを上演していました。バレエやタップダンス、モダンダンスなどを使って、物語を伝えるのです。

さまざまな作品に出て、いろいろなタイプの役を演じました。『ロンサム・ロード』という作品で私は、赤いシルクサテンのスカートにサスペンダー、黒い帽子を身に着けて「通行人」役を演じ、『カーニバル』では造花でデコレーションしたブラトップとショーツのみを身に着けていました。ほかに、『ブルー・ムーン』『シュド・アイ?』『リーブ・アス・リーブ』などの作品に出演しました。

1953年12月、ベルギー公演に参加しました。アントワープとブリュッセルで各1週間。私にとってはそれが初の海外旅行でしたし、当時海外に出るということ自体が貴重なことでした。

わくわくすることばかりでしたが、例外はドーバーからベルギーのオーステンデへと渡る船旅。海が荒れていて、船酔いしないようにデッキに出ていた人は、海に落ちないようにロープで柱にくくりつけられていたほどでした。

今も昔も働き者の私

１９５４年１月、ジムと私は婚約しました。私はモデルの仕事もダンサーの仕事も順調で、確実に前進しているという手ごたえがありました。

婚約したときはまだ、結婚式の具体的な日取りは決めていませんでしたが、４月の終わりに妊娠に気づいて、さまざまなことをどんどん決めて、進めていかなくてはならなくなりました。

結婚してもうすぐ母親になる。私はミセス・スミスとしての自分に、専念しようと思いました。そして、当時はまたばりばり働く日が来るなんて、思ってもいませんでした。なんといってもまだ、１９５０年代でしたから！

とはいえ、バディ・ブラッドレイ・カンパニーの2か月間のヨーロッパ公演があり、結婚式の準備は私の母と、ジムの母のミーラにまかせっきりでした。私がイギリスに戻ったのはなんと結婚式の4日前でした。

船や電車などを乗り継ぎながらのヨーロッパ公演は、乗り物のエンジントラブルやお役所仕事の手続きなどさまざまなトラブルにも見舞われ、冒険につぐ冒険でした。

スペイン国境の町イルンでは、入国手続きにびっくりするほど時間がかかりました。私たちは、あたりにいるラバが荷物を運ぶさまを見てひたすら待ちました。

5月にマドリードに到着したときには、異常気象で季節はずれの暑さに見舞われました。でも、公演に参加したメンバー全員、まったく気にしませんでした。

マドリード滞在中は、プラド美術館やマドリード王宮を訪問したり、おしゃれなカフェに行ったり、フラメンコ舞踊が見られるバーに行ったりして満喫しました。

私たちダンサーが通りを歩いていると、スペイン男性から「グアパ！」（かわいい、美しい、という意味）と声をかけられ、彼らを振り切って逃げなければいけないこともしばしばでした。

パエリアやスペインオムレツなど、食べたことがないものをいろいろと試してみました。どれもこれもびっくりするほどおいしいと思いました。

唯一の例外は、ストロベリー入りのワイン。マドリードに住んでいる、セントアイヴス出身の友だちとランチをしたときに出てきたのですが、あまり好きになれませんでした。もちろん、お行儀を考えて、ちゃんといただきましたけれど。

お手本は、両親

1954年7月6日、両親の家のそばの教会で結婚式を挙げました。教会へ向かう途中、父は私の手をとってこう言いました。「ジムとお前が、お母さんと私のように、結婚生活に満足して暮らせるように祈っているよ」

たしかに、両親は喧嘩ひとつしたことがない、非常に仲の良い夫婦でした。私は父に、自分がいかにしあわせな毎日を送ってきたかということと、そのことに感謝している気持ちを伝えました。

そのときは、はっきりとは気づいていませんでしたが、私が何事にも前向きで、かつ現実的でいられるのは、両親が私をそういう人間に育ててくれたおかげだと思うのです。その点についても両親に今、非常に感謝しています。

私は、レースの長袖《ながそで》にホワイトシルクのくるぶし丈のフレアスカート、ウエストがきゅっと締まったモダンなシルエットのウエディングドレスに、シルバーのサンダル。1919年に母が結婚式で身に着けたレースのベールをかぶり、ウィニー叔母さんがプレゼントしてくれた、ディオールのイヤリングを着けていました。

ウエディングドレスは、仕立屋に作ってもらったものでした。その後、友だちのためにいくつもウエディングドレスを縫いましたが、残念ながら当時の私は、自分のドレスを縫う時間的余裕も、裁縫の腕もなかったのでした。

結婚式のあと、両親の家で60人ほどを招いてのパーティを開きました。

親友のベリルに付き添い人を務めてもらいました。昔からの知り合いからバディーズ・カンパニーの同僚まで、大好きな人たちに囲まれて、最高にしあわせな時間を過ごしました。

ハネムーンは、モンテカルロへ

パーティのあと、ジムと私は空港近くのホテルに向かい、翌日フランスのニース経由でモンテカルロへと向かいました。当時はまだ、海外旅行は珍しかったのですが、航空券代はジムの母親、ミーラが出してくれたのでした。

ジムは数年前バレエフェスティバルの仕事でモンテカルロに来たことがあり、港のそばにある、素敵なプチホテルの眺めのいい部屋を予約しておいてくれました。

モンテカルロやフレンチ・リヴィエラを散策しながら、夢のような1週間を過ごしました。私はジムと結婚したことのしあわせを噛《か》みしめていました。

ハネムーンの間、私はオレンジ色とレモン色、そして水色とターコイズブルー、白という色使いのコットン・ドレスをよく着ていました。それはジムのお気に入りでした。男の人はなぜか、女性が青い色の服を着るのが好きな気がします。ジムもそうでした。

ジムには世界中のいろいろなところに友だちがいて、ハネムーンの間も何人かと会って食事をしたりしました。コート・ダジュールにあるマントンではフランス人俳優のモーリス・シュヴァリエ、ラ・テュルビーではバレエダンサーで振付師でもあるデーヴィッド・リシーン。ジムは仕事を通じて友だちを作る達人でした。

ナイツブリッジにある私たちの新居にも、よくジムの友だちがやってきて、私も自然と彼らと仲良くなっていきました。

最愛の夫は、物静かで控えめな人

ジムの母親はもともとバレエダンサーで、バレエ教師をしていました。

本名はブランシュ・リリアン・ジェームズでしたが、ロシア語で「やさしい、かわいらしい」という意味の愛称「ミーラ」とずっと呼ばれていて、私もそう呼んでいました。

7歳でバレエを始めて、ミハイル・モルドキンとアンナ・パヴロワが設立したバレエ団でダンサーとなり、その後、ミハイル・モルドキンが設立したバレエ団に所属しヨーロッパやアメリカ公演に出演した、名の知れたバレエダンサーだったのです。

1944年に亡くなった、外務省勤務だったジムの父親と結婚したのをきっかけに、踊ることはやめてバレエ教師になり、私がジムと結婚した当時も、地元リッチモンドにある自分のスタジオで教えていました。

両親が海外に滞在していたため、ジムはおばあさんに育てられました。ジムと私の育った環境はわりと似ているように思うのですが、ジムが私よりも保守的なのは、おばあさんに育てられたことと関係があるように思います。

ジムは全寮制パブリックスクール、セント・ポールズ・スクールを出たあと、父親と同様に空軍に所属。第二次世界大戦中は教官として南アフリカでパイロットの育成に従事していました。

戦後、ジムは生活のために仕事を探さなければならず、一時炭鉱で働いたこともあったそうですが、舞台に関わる仕事がしたいという夢を着実に実現していきました。

ノッティングヒルのリンゼイ・シアターでボイラー担当からスタートして、照明ディレクター、さらにはステージ・マネージャーとしてキャリアを積み上げていき、最終的にはイギリス最古の劇場とされるシアター・ロイヤル・ドルリー・レーンで仕事をするまでになったのです。

彼は出会ったころすでに、さまざまなダンスカンパニーやフェスティバルでの経験豊富な照明ディレクターでしたが、物静かで控えめな人でもありました。

仕事をしているときの彼はびっくりするほど騒々しく、物静かな普段の彼しか知らない人が見たら驚いたことでしょう。

郵便はがき

料金受取人払郵便

代々木局承認

1536

差出有効期間
平成30年11月
9日まで

1518790

203

東京都渋谷区千駄ヶ谷4-9-7

(株)幻冬舎

書籍編集部宛

1518790203

ご住所 〒
都・道
府・県

フリガナ
お名前

メール

インターネットでも回答を受け付けております
http://www.gentosha.co.jp/e/

裏面のご感想を広告等、書籍のPRに使わせていただく場合がございます。

幻冬舎より、著者に関する新しいお知らせ・小社および関連会社、広告主からのご案内を送付することがあります。不要の場合は右の欄にレ印をご記入ください。 不要 □

本書をお買い上げいただき、誠にありがとうございました。
質問にお答えいただけたら幸いです。

◎ご購入いただいた本のタイトルをご記入ください。

『　　　　　　　　　　　　　　　　　　　　　　　　　　　　　　　』

★著者へのメッセージ、または本書のご感想をお書きください。

●本書をお求めになった動機は？

①著者が好きだから　②タイトルにひかれて　③テーマにひかれて
④カバーにひかれて　⑤帯のコピーにひかれて　⑥新聞で見て
⑦インターネットで知って　⑧売れてるから／話題だから
⑨役に立ちそうだから

生年月日	西暦　　年　　月　　日（　　歳）男・女		
ご職業	①学生	②教員・研究職	③公務員	④農林漁業
	⑤専門・技術職	⑥自由業	⑦自営業	⑧会社役員
	⑨会社員	⑩専業主夫・主婦	⑪パート・アルバイト	
	⑫無職	⑬その他（　　　　　　　　　　）		

ご記入いただきました個人情報については、許可なく他の目的で使用することはありません。ご協力ありがとうございました。

工夫に満ちた新婚生活

ハネムーンから戻ると、ジムと私は私のアパートで新婚生活をスタートしました。広さも十分でしたし、劇場街に近くて便利だったからです。

ふたりとも経済的に余裕があるわけではなく、家具は私がそこに住み始めたときから使っているもの以外は、工夫してそろえていきました。

カーテンは自分で縫いましたし、段ボールをマーケットからもらってきて布でカバーをかけるなどして、ベッドサイドテーブルやちょっとした物入れとして使いました。

いくつか中古家具も購入しましたが、脚をはずすことができて持ち運びに便利なキッチンテーブルは、現在も使っている掘り出し物でした。

妊娠7か月までモデルの仕事もダンサーの仕事も続けていました。おなかも臨月まで目立たず、ゆったりとしたルーズな服を着れば間に合って、妊婦服を着る必要はありませんでした。体調もよく、妊娠4か月のときにファッションショー、5か月のときに写真撮影もこなしました。

クリスマス近くになると、パントマイム用の衣装の仕事を手伝いました。いくつかのプロダクションから仕事を受けている依頼人の家に出向いて、指示を受けたり、担当するパーツを持ち帰ったりしました。

自宅で作業することもあり、クリスマス用の衣装の一部として、ヒイラギの実に見立ててピンポン玉を赤く塗ったものをバスルームにつるして乾かしていて、帰ってきたジムがそれを見てびっくりしてしまう、というようなこともありました。

母親業に専念する

1955年1月、はじめての子ども、マークを出産しました。生まれたのはちょうど劇場の公演が始まるぐらいの時間で、ジムは仕事で来られなかったため、彼がマークの顔を見たのは翌日のことでした。当時は今と違い、男性は出産に立ち会ったりしないのがふつうでした。

産院から家に戻ってからの数週間、祖母が泊まり込んで手伝ってくれて助かりました。祖母は看護師だったので、赤ん坊の世話がとても上手で、かつ、私にもこまごまと教え込んでくれました。私はすぐに「独り立ち」できるようになり、祖母は自宅に帰っていきました。

私は、家にいて、母親業に専念する毎日を過ごすのも大好きでした。子育ては大変な面もありますが、まったく気になりませんでした。

当時は洗濯機がまだなかったので、布おむつはバケツの水につけておいて手洗いし、ラックにかけて暖炉の前に持っていき、乾かすというのがふつうでした。幸い母から料理を習っていたので、私は食事の支度に苦労したことはありませんでした。お隣さんは6歳の男の子のいる3人家族。奥さんとはすぐ仲良くなり、ちょっとした買い物やマークの世話など、とても助けてもらいました。

引っ越しをすることになったとき、木馬のおもちゃをマークにおさがりとしてプレゼントしてくれたのですが、とても丈夫で、孫たちも全員、そのロッキングポニーで遊んで育ちました。

清潔で暖かければ、それで十分

マークが小さいころは、白いブラウスに白いニッカーズを着せていました。当時は生まれるまで性別がわかりませんでしたから、男の子でも女の子でも大丈夫なように、白い洋服を準備しておいたのです。

そもそも、男の子ならブルー、女の子ならピンク、という色の考え方も、当時はまだそれほど定着していたわけではありませんでした。

第二次世界大戦後は、男の赤ちゃんの色といえばピンクか赤というのがふつうでした。丈夫とか、頑丈というものを象徴する色だからです。

一方、青は繊細でデリケートな色ということで、女の子向けの色でした。ブロンドの髪の毛の赤ちゃんにはピンク、ブルネットにはブルー、茶色い目の赤ちゃんにはピンク、ブルーの目の赤ちゃんにはブルーを合わせる、という考えなどもあって、当時赤ちゃんの服の色に関する考え方は、さまざまでした。

とはいえ、洗濯機がない当時、赤ちゃんのものを清潔にしておくためには、煮沸消毒をしたり、漂白したりするのがふつうでしたから、一番便利なのは真っ白な服でした。

私は、マークが清潔でかつ暖かい服装をしていればそれで十分と思っていました。幸いなことに、友人から手編みなど手作りのものをたくさんいただいたし、自分でもいろいろ縫ったり編んだりしたので、何かをわざわざ買った記憶がないほどです。

週末にはおしゃれをして出かける

マークが小さいころの私は、専業主婦としての生活を楽しんでいました。幸いなことに、一緒に出かける友だちもいて、ベビーシッターもすぐ見つかったので、おしゃれをして劇場に出かけたりすることもありました。

近年はドレスアップしたり、おしゃれをしたりする機会が減っているように思います。劇場に出かけるときは、せっかくですからもっともっと着飾ってもいいのではないかと私は思います。

『マイ・フェア・レディ』のオリジナルイギリス版や『ウエスト・サイド・ストーリー』などを観に行く機会があり、私はロマンチックな物語や壮観なステージ、歌と踊り、そしてすばらしい衣装などが堪能できるミュージカルが大好きになりました。現在でも機会があると観に行きます。

1958年、ロンドンを離れて、サリー州のハスルミアに引っ越しました。ジムが勤めていた民放テレビ局ATVがボクソールにスタジオを建設する予定だったので、そことロンドンの両方に通勤しやすい場所を選んで、ついに家を購入したのです。私の両親の家にも行きやすい場所でした。

ところが、引っ越しして間もなくジムが憂鬱《ゆううつ》そうな顔をして帰ってきて「スタジオの場所がボーハムウッドに変わっちゃったんだ」と言ったのです。

そこはハスルミアから鉄道では絶望的に行きにくい場所だったので、車で通勤するしかありません。しかも、当時はまだ環状高速道路M25がなかったため、大渋滞する道をロンドンに向かい、ロンドンのさらなる大渋滞を反対側にあるボーハムウッドに向けて抜けていく、という過酷な通勤をしなければならなくなってしまうのです。

「また引っ越し？」そう私が訊くと、ジムは「ああ、いずれ。でも、今はまだ」と答えました。

たしかに、当時は中継も多く、必ずしもスタジオに毎日行くとは限らなかったので、当分はハスルミアで生活することにしたのでした。

中古車を買って

引っ越しの翌年、マークが学校に通うようになり、一気に「ママ友」が増えました。近所付き合いも盛んでしたし、ジムの同僚とも家族ぐるみの付き合いがあり、週末にはロンドンまで友人に会いに行くこともありました。

しばらくして、近所に住んでいるミセス・ハモンドに家事やマークの世話を毎日手伝いに来てもらうようになりました。家の仕事は多岐にわたります。料理や日々の家族の世話など家事全般のほかに、庭仕事、家のメンテナンス、裁縫など。ミセス・ハモンドに助けてもらっても、毎日毎日やることが多くて、当時の私は大忙しでした。

１９５９年に長女クレアが、その後2年弱で次女ローズが誕生し、５人家族になりました。

バスの便のいいところに住んではいたものの、家族で出かけるのには車がどうしても必要になってきました。伯父が亡くなって私にいくばくかの財産を遺してくれたのを知ったとき、それを使って車を購入しようと決意しました。近所の人にディーラーを紹介してもらい、１９４６年型のローバー16を購入しました。

レディングで免許を取得したのはずいぶん昔のことで不安もあり、ディーラーを紹介してくれたご近所さんに助手席に座ってもらって近所を走り回って、でこぼこ道やヘアピンカーブなどでのハンドルさばきや、地域の道路に慣れるための「練習」をしたりもしました。

運転に慣れたころ、失敗もありました。ある日、家に戻って車庫入れをしたとき、バックをしすぎて、以前の住人が車庫の裏に立てていた国旗掲揚用のポール（海軍出身の人だったそうなのです）にぶつかってしまいました。どうやらその古いポールが腐っていたこともあり、ものすごい音とともに倒れてしまいました。

「ティンバー《倒れるぞ》！」

幸いなことに、ポール自体以外には――車も含め――被害もなく、倒れたポールは薪《まき》にしました。

ジムもほどなくして運転免許を取得。家族全員でいろいろなところに出かけるようになりました。車のある生活をするようになり、人生が大きく変わったような気すらしました。当時の私たちは何事に対しても楽観的で希望に満ちていました。

自分だけでやろうとせず、人の助けを借りる

1962年、ハスルミアに来て4年が経ったころ、もっと通勤しやすいところに引っ越すことになりました。ジムが筆頭フロアマネージャーに昇格し、仕事はほとんどボーハムウッドのスタジオですることになったからでした。スタジオへは長距離を運転して通っていましたが、同じように車で通勤していた人が事故で亡くなったこともあり、そろそろこの通勤スタイルをやめなければということになったのです。

3人の子どもたちを連れて家を見て回るのはなかなか大変でした。ハートフォードシャー州にはずいぶん詳しくなりましたが。そして、ATVの同僚も数人住んで

いて、主要道路Ａ１のそばで通勤に便利なキンプトンの広めの家に引っ越すことに決めました。

ハスルミアの家がなかなか売れなかったため、つなぎ融資を受けてキンプトンに家を購入しました。チューダー様式とビクトリア様式の折衷の家で、広い庭と駐車場も2台分ありました。

マーク、クレア、ローズはそれぞれ、新しい学校にすぐ慣れて、友だちもできました。その後、クレアとローズは家の前の道を数分歩いたところの学校へと進み、マークの学校への送り迎えはほかの保護者と交代制にして、すべてがうまく回っていきました。

キンプトンでの暮らしが落ち着いたころ、最初のオペア、シルヴィーを迎え入れました。オペアというのは家事手伝いをしながら学ぶ学生さんのことで、シルヴィーはフランス出身で、大学で英語を学んでいました。うちに来た段階ですでに英語が流暢《りゅうちょう》に話せましたし、働き者の彼女は、とても助けになってくれました。

オペアのほかに、地元でミセス・ワーナーというお手伝いの人も見つけました。家事はもちろんのこと、子どもたちの世話もよく見てもらいました。

子育ても家事も、ひとりで抱え込まずにいろんな人の手を借りる——これが私のやり方でした。

流行よりも、自分に合うものを

ロンドンにあるパラディアム・シアターでの観劇に出かけるために、真っ白なクリプリンのシフトドレスを自分で作ったこともありました。裾《すそ》にフェザーの飾りを付けた力作でした。

ある日そのドレスを着て仕事に出かけようとしたとき、庭で泥んこ遊びをしていたクレアがやってきて「ママ、行ってらっしゃい！」と言いながら、スカートにばっちりと泥の手形を付けてしまったのです。

ああ、なんてこと！

でも大丈夫でした。しわになりにくく、汚れも落としやすいクリプリン地ですから。すぐに泥を洗い落として、濡れたまま着て出かけて、ちょうどロンドンに着くころには乾いていました。

そのころ、結婚当時に買ったエンボス加工をしたコットンの白いスーツがちょうどトレンドとマッチしてきたので、サヴォイ・ホテルでのカクテルパーティに着ていくことにしました。

１９５４年に着たときは黒いサンダルを履いていましたが、今回はふとひらめいて、雑誌でモデルがクレージュのドレスと合わせていた白いアンクルブーツにしてみようと思い、フリーマン、現在のハーディ・アンド・ウィリスで購入しました。履いてみると、想像以上にぴったりの組み合わせでうれしくなりました。

さらに、そのアンクルブーツはフラットなタイプだったので、履き心地が抜群というおまけ付きでした。

流行からまったく影響を受けないわけではありませんが、私は自分に合うものを身に着ける主義で、流行を追うことはありません。

マリークワントが流行ったころも、店に行っていろいろ見たあとに結局買うのは口紅程度。以前マリークワントの黒とオレンジのフリルの付いたドレスをプレゼントされたことがあったのですが、どんなに素敵でもそれは私にとってはあまりにも「ローラ・アシュレイすぎて」、似合わず、きっぱりと着るのをやめました。

自分に今できることをする

１９６０年代、広告関係のモデルの仕事をいくつか経験しました。本格的なモデルの仕事をするために、エージェントを探しましたが、なかなか受からず、小さな仕事を回してくれるエージェントとお付き合いしていました。

決してファッショナブルといえない自分のルックスや年齢は、気にしないことに。それはそれ。人は人。自分は自分。自分に今できることをやっていこうと思っていました。

ベッドのカタログ用の撮影も何度か経験しましたし、コルセットの仕事もしました。それは、コルセット着用のビフォーアフターを示す写真のための仕事で、私はスリムだったのでアフター担当でした。

記憶に残っているものとして、ケロッグ・コーンフレークの仕事があります。コーンフレークの朝食風景の前に、馬に乗って、ウィンブルドン・コモンを若い女の子と一緒にギャロップして回る様子を撮影したのですが、これは、乗馬ができるおかげでとることができた仕事でした。

同様に、乗馬ができるということで選ばれたはずの若い女の子は、実はほとんどできないことが現場で判明。なんとかサドルを持って乗っている状態をキープするように教えて、私がそちらの馬もリードして撮影しました。幸い写真では、ふたりで並んで馬に乗っているように写っていました。

撮影に、クレアやローズ、犬のハニーが参加することもありました。けれどもジムと私は、子どもたちにはできるだけふつうの生活をさせたいと思っていたので、子どもたちの撮影が増えないよう心掛けていました。

最後はきっとうまくいく。そう信じる

ある日、ジムの同僚が電話をかけてきました。

今日、番組にエキストラとして出てくれないかというのです。

その番組は、当時大人気のバラエティ番組『ジ・アーサー・ヘインズ・ショウ』。

「おもしろそう！」と思った私は、オペアに家のことをまかせて、さっそく現場である ロンドンのウッド・グリーン・エンパイア劇場に向かいました。

フロアマネージャーとして現場にいたジムは、私を見つけて当然ながら驚きました。

「何してるんだ？　こんなところで」

「仕事なの！」

エキストラは、数時間で済む仕事です。子育てと両立するにはぴったりだと思いました。そこで、現場にいたほかのエキストラにエージェントを教えてもらって、即登録。

私のエキストラとしてのキャリアは、こうして始まりました。

子どもたちが大きくなるにつれ、仕事を増やしてゆき、テレビ番組のほかにコマーシャルや映画のエキストラもやるようになりました。

ジムも私が働くことを応援してくれました。

私が、この仕事が大好きで、楽しそうにやっていたからだと思います。

最終的に複数のエージェントに登録し、モデルの仕事とテレビや映画のエキストラの仕事をしていた私は、仕事がバッティングしないことに細心の注意を払っていました。

たいていはうまくマネージできていても、土壇場になって時間や場所が変更されたりして、約束通りに仕事をするために綱渡りのような状態に陥ることもありました。

複数の仕事をこなしていくうえでは、スケジューリングは当時から現在も変わらず、最も重要かつ難しい問題です。永遠のテーマといってもいいかもしれません。

約束の時間に遅れたり、急な変更で誰かに迷惑をかけたりするのがとても苦手な性格のせいで、モデルの仕事に付きものの土壇場の変更やぎりぎりまで何かが決まらないことなどに、ひどくストレスを感じることも。

しかし、仕事上のスケジュールは、自分の責任や工夫だけではどうにもならないこともあります。

最終的には必ずうまくいく。そう信じてなんとかやっていくしかないことも、往々にしてあるものだと思うようにしています。

自分たちの身の丈を知る

キンプトンへの引っ越しは、後から思うと急ぎすぎた面があり、年代ものの白い大きな家は、当時のジムと私にはちょっと背伸びしすぎた買い物でした。

そこで、今度は慎重のうえにも慎重に検討し、1967年夏、オールド・ウェルウィンのホーリーブッシュ・クローズに、自分たちの身の丈に合った、理想的なモダンな家を見つけてそこに移り住みました。

しばらくはそこに、という考えでの引っ越しでしたが、子どもたちの学校の面でも、ジムの通勤の面でも、思った以上に住みやすい場所で、結局そこで9年暮らしました。

キンプトンの家に比べるとずっと小さな家で、しばらくの間クレアとローズは部屋を共同で使わなければなりませんでした。ほどなくして、貯蔵部屋を改装して、クレアに小さなひとり部屋を造りました。大のお気に入りになりましたが、ベッドから慌てて起き上がると天井に頭をぶつけてしまうほどの狭さでした。

それでも庭はそこそこの広さがあり、私は野菜を育て、子どもたちはペットと遊び回ることができました。マークはオモという名前の白いねずみを、クレアとローズはパッチとアルバータという名前のモルモットとスノーウィという名前のうさぎを飼っていました。

巣から落ちてしまったミヤマガラスにジョニーという名前をつけて、飛べるようになるまで世話をしていたこともありました。餌《えさ》として与えたのはドッグフード。ジョニーはパティオにあったバラのパーゴラが定位置で、家の中に入ってくることはめったにありませんでしたが、機会があるごとに背中に飛び乗ってくるほど私に懐いていました。

趣味である裁縫が、仕事に

引っ越してからしばらくは、母親業に専念していて仕事はしませんでした。けれども、ジムのライフワークともいえる人気番組、『サンデーナイト・アット・ザ・ロンドン・パラディアム』が終了し、しばらくしてテレビ業界全体が不況の時代になると、将来について不安を感じるようになりました。

家計の助けになることを何かしなければ。そんな風に思っていました。

ある日、クレアとローズを学校に迎えに行ったとき、やはりお迎えに来ていたお母さんに声をかけられました。「素敵なドレスね。ウェリントンで買ったの?」

「自分で作ったのよ」。私は内心とても得意になりながら答えました。

「あら、そうなの？　すごいわ。私にも1着作っていただけないかしら？　もちろんちゃんとお支払いをするから」

いいじゃない？　私はそう思いました。裁縫は得意だし、大好きだし、家でできるわけですから、これ以上の仕事はないと思いました。

「もちろん！　喜んでお作りするわ」

私の仕立屋としての最初の仕事はこんな風に始まり、ほどなくしてその土地で知り合ったほとんどの人がお客様になってくれました。

収入を得る道が開けたこともうれしかったのですが、根っからの社交家である私にとって、お客様はイコール友だちでもあり、ネットワークがどんどん広がっていくことも大きな喜びでした。

数をこなすうちに私の裁縫のスキルもどんどん向上していき、扱いにくいツイード地でもスカートやスーツを作れるようになり、ツイードが大好きだった友人のキャサリンにはずいぶんたくさん作りました。

シフトドレスやフレアスカートの注文が多かったのですが、イブニングドレスや
ウエディングドレスも手がけました。

仕立ての仕事から、表に出る仕事へ

仕立ての仕事がピークだった1971年、私が50年代にモデルをしていたことを知っていたエージェントから、ストアモデルの仕事を紹介されました。

ストアモデルとは、大手デパートのレストランで、ランチタイムやティータイムに、特定のブランドの洋服を着て、ブランド名を書いたカードを身に着けてウォーキングをし、商品をアピールするという仕事です。

スーツやドレス、コートなどが私に似合っていれば、それを見たお客様が気に入って——自分にも似合うと思って——買ってくれるというわけです。

この仕事のいいところは、子どもたちが学校に行っている間の時間でできることでした。朝10時から夕方4時まで、週3日ペースでやっていました。

1972年から1984年まで、コートやレインウェアで有名なブランド、ダニマックで働きました。その仕事を始めた直後、別のブランド、バーカーテクスのエリアマネージャーが私を見て、そこでのストアモデルの仕事にも就くことができました。クラシックでスタイリッシュなバーカーテクスの服を着るのはとても楽しい仕事でした。

なぜ私が選ばれたのか不思議でしたが、肩幅が広く、姿勢がいいことが幸いしたのかなと思います。ほかに、フェイクファーや帽子、ジュエリーなどのブランドの仕事もしました。

モデルの仕事は春と秋に6週間ずつとクリスマス時期に数日でしたが、ほかに不定期の仕事として、ワインやベーコン、チーズなどの販売促進関連の仕事もしました。これはウォーキングやポージングをするわけではなく、試食会場でお客様に試食を勧める仕事でした。

出張は、社交の時間

子どもたちが大きくなるにつれて、仕事で遠出をすることも増えました。ロンドン、ブレントクロス、エンフィールド、バーフォード、ハイ・ワイコム、そしてケンブリッジ。冬場の悪天候の中での移動でひどい目に遭ったこともありましたが、それ以外は苦にはなりませんでした。

旅先で新しく友だちができたりすることもありましたし、昔からの友人の家に泊まらせてもらうこともあり、出張は私にとって社交の時間でした。

１９５０年代にモデルの仕事で、ファッションショーのためにブラッドフォードに滞在したことがありました。空き時間には散策をしたりして、ブロンテ姉妹の世界を満喫しました。

美しい風景に触発されて、ホテルに戻ってから絵を描いたりもしました。リーズに行ったときにはパブにいたお客さんたちがとても印象的で、そのスケッチをしたこともあります。当時描いた絵は現在も持っています。

辛いときこそ、楽しみを探す

1974年、ジムが軽い心臓発作を起こしました。十分に回復したものの、大事をとって、仕事はフルタイムではなくパートタイム勤務に変わりました。

そのころ、ATVの環境はさまざまな面で悪化していました。労働組合と経営側との対立が激しくなり、ストライキも発生。撮影が完全に中止される事態となりました。

その後すぐに撮影は再開されたものの、雇用条件が大幅に変更され、私は将来に不安を感じるようになりました。

そこで、できる限り私の仕事を増やして頑張りました。

それでも、自由な時間もそれなりにあったので、地元の短期大学で料理を学びました。母から教わって料理は得意ではありましたが、腕をさらに磨くのもいいなと思ったのです。

食材やレシピを準備し、決められた時間の中で特定の料理を作り上げる――授業はなかなか大変でしたが、毎週珍しい料理を家に持ち帰って家族に食べてもらうことも楽しめましたし、所定のコースを修了し、教育修了一般試験の第1段階試験にも合格することができました。

ジムが病気から回復すると、今度は私の母が転んで怪我《けが》をしてしまいました。それまでの数年間にも何度も転倒し、怪我が絶えなかった母は、一人暮らしが難しくなってきていました。そろそろ母と同居したほうがいいと考えて、大きめの家に移ることにしました。

家探しでは過去に失敗も経験していたので、お財布にも気持ちにもしっくりくる家を真剣に探しました。ジムのテレビ局への通勤を考えるとハートフォードシャー州内がよかったので、州内全域をくまなくといっていいほど検討し、北部にあるワリントンという村がいいのではということになりました。

そこに、これまで見た中でなかなかいいと思える家を見つけて、１９７６年に購入、引っ越しました。

母から教わった「きちんとしている」こと

買い物に便利なバルドックから3マイルほどのワリントンには、パブ、八百屋、肉屋、パン屋があり、牛乳や魚などは配達してもらえました。大きな庭があり、部屋数も十分。何より、村の人たちがとてもフレンドリーでした。

引っ越ししたその日、近所の人が玄関前にカリフラワーと当座必要なものを置いてくれていて感激しました。

母との同居を主な目的とした引っ越しでしたが、母は、友だちのいない土地での生活がだんだんと寂しくなってきたようでした。できるだけ外に連れ出す努力はしたつもりですが、仕事と子育てに忙しい私にできることにはやはり限りがありました。元来社交的な母は、自分で自由に友だちと会ったりできる生活が必要だったのです。

最終的に母は、ヘンリー近くのウォリングフォードにある施設に入ることを決めました。昔からの友だちが多くいる地域で、同世代の人たちがいる施設に入ったことは、正しい決断だったと思います。

定期的に施設を訪問し、母が歩けるうちは、クリスマスには私たちの家に泊まりに来てもらうなどしていました。次第に母は、歩くときにふらつきがちになり、転倒を繰り返してしまう「フレイル」という状態になりましたが、最後の最後まで「きちんとしている」ことへの厳しい目は健在でした。

ファッションのトレンドにもずっと敏感で、私とクレアとローズが、常に時代に合ったファッションを身に着けていることにこだわっていました。

母に会いに行くときは、子どもたちにもちゃんとした格好をさせられているか——母の眼鏡にかなうかどうか、いつも少し緊張したものです。

母は病気らしい病気をすることもないまま95歳を迎えましたが、友人と出かけたパブで階段から落ちて骨折したあと急に弱ってしまい、最後は文字通り眠るようにこの世を去りました。

子育てのあとの、自分磨き

子どもたちが成長して巣立っていくと、自分の時間が持てるようになり、ずっとやりたいと思っていたことにチャレンジすることにしました。

まずは絵画。自分なりに描くことはずっとやっていましたが、習ったことはなかったので、専門学校で芸術を学ぶことにしました。私なりになかなかよくできたと思いましたが、成績はAではなくBでした。それでも毎回の授業や課題には精力的に取り組み、自分なりに満足できました。

次に挑戦したのはドレスメイキングです。仕立ての仕事をしていたころにずいぶん腕を上げたのですが、さらに成長したいと思っていました。

自宅からすぐ近くの学校でファッションの職業訓練コースが受講できることを知り、さっそく入学してみました。学校説明のときに「週1回です」と言われたのを鵜呑《うの》みにして通い始めましたが、実際には週1回の授業に出る以外に、自宅でかなりの時間をかけて課題を仕上げなければならなかったのです！

課題についてのショックを乗り越えると、すぐに私はコースに没頭するようになり、4年間通い、資格も取得し、すばらしい仲間もできました。

デザインから実際の縫製まですべてを自分ひとりで仕上げた作品は、オランダの建物のとがった屋根の形をモチーフにしたブルーのツーピース、クリーム色のリネンのスーツ、1930年代風のグレーのテーラードコート、ピンクベルベットのイブニングドレスなど合計8点。

ヒッチンマーケットではさまざまな種類の生地が手に入るので、課題用の素材を探しによく出かけました。課題として作製する服は、その後長く着ることになるかわからないため、すべて手ごろな値段の生地で作ったものばかり。けれども、ナイトドレスとドレッシングガウンのランジェリーのセットと、グレーのドロップウエストのワンピースはとても気に入っていて、今も持っています。

私は母がよく着ていた１９３０年代風ファッションが大好きですし、自分に似合うと思っています。

一番のお気に入りで今もよく着るのは紫色のイブニングドレス。着るたびに、「これを自分で作ることができたなんて！」と、うれしくなるほどの出来栄えなのです。

コース修了後もたくさんの服を作りました。自分用と人のためにも。自分で作ったものは唯一無二なところが魅力です。

家から離れて、自分だけの時間を持つ

ストアモデルという仕事は1980年代に徐々になくなり、ブランドの宣伝は新聞や雑誌の広告へと移っていきました。幸い私にはエキストラの仕事もあったので、テレビや映画に出る仕事を続けていました。

もちろんボンドガールではありませんが、007シリーズも何本か出演しています。

ジムは3年ほどATVで嘱託として働いてから、ロイヤル・シアトリカル・ファンド（RTF）に移り、そこでの仕事に情熱を燃やしていました。RTFは俳優をはじめとする劇場関係の職業の人に経済支援をする団体で、持ち込まれてくるさま

ざまな案件を、毎月開かれるミーティングで精査したうえでどのような支援を実施するか、特に金額面を判断するのがジムの仕事でした。

非常に難しい判断を迫られることもある仕事でしたが、同僚にも恵まれ、ジムは充実した第二の人生を送っていました。

けれども、会合に出席する途中で脳卒中の発作を起こしてからは、健康状態が元通りに回復することはありませんでした。私にとって一番苦しかったのは、この発作以降ジムの性格がすっかり変わってしまって、怒りっぽく、とても気難しくなったことです。

もちろん、友人や仕事仲間への外向きの顔は変わりませんでしたが、無理をしていい顔をしたあとには必ず、手がつけられないほど機嫌が悪くなってしまうのです。

それからしばらくして、外出や買い物に便利なバルドックに引っ越しました。車の運転をしなくても、または送ってもらわなくても、ジムがひとりでパブに行ったり、買い物に行ったりできる場所、というのがポイントでした。

ジムの世話に手がかかるようになってからは、私にとって仕事は、一種の息抜きとしても貴重な時間になりました。

もちろん、仕事で家を空けるためにはジムの食事の支度を完璧にしておかなければなりませんでしたが、文句を言いながらもジムは、用意してあるものを温め直して食べることはできていました。

おかげで私は仕事仲間に囲まれて、家から離れられる貴重な時間を持つことができました。

悲しみに寄りそう

1997年4月、家でお気に入りの椅子に座って新聞を読んでいたジムが、突然倒れ、救急車で病院に運ばれました。

これがジムにとっての最後の発作でした。数日間昏睡《こんすい》状態が続き、意識が戻ることなく亡くなりました。73歳でした。

長年のつれあいを失ったショックは大きなものでした。ウォルター・ゴア・バレエ団を観に行ったあの日から別れの日まで、苦しいときもありましたが、しあわせな思い出がつまった40年以上をかたときも離れることなく過ごしてきた相手が急にいなくなり、自分の人生も終わってしまったかのように感じるほどでした。

けれども、2回目の発作以降、気難しくなったジムの世話に手を焼いてきたのも事実でした。病気のせいで常に自分自身へのいら立ちを抱えている人の世話をするという、介護者としての役目から解放されて、ほっとした部分があったというのも、正直なところです。

ジムが亡くなってからの数か月は、毎晩涙にくれて、昼間はなんとか忙しくしてやり過ごす、という日の連続でした。

愛する人を失った悲しみから立ち直る方法はひとつ——時間をかけるということ。なんとかその日その日をやり過ごしていき、一定の時間が経つと、不思議と立ち直ることができるのです。

幸い私には仕事がありました。夜泣いていても、次の日が来れば、自分が必要とされる場所に出向いて必要とされることをやる。この繰り返しの中で、なんとか悲しみと共存できるようになっていることに気づきました。

どんなに時間が経っても、悲しみが消えることはありません。けれども、一定の時間が経つと、その悲しみが自分の一部のようになって、なんとか生活していかれるようになるものなのです。

わくわくと不安

１９９８年のロンドンファッションウィークで、私は突然ステージデビューを果たしました。エージェントから、ロンドンファッションウィークのステージに立つ仕事が入ったと電話が来たときには「本当に私でいいの？」と確認してしまったほど驚きました。

そのときのエージェントの答えはこうでした。「間違いないわよ。先方はあなたこそがまさに探していたモデルそのものだって言ってるの」

これ以上ないほどわくわくするオファーでしたが、不安もぬぐいきれませんでした。

ストアモデルとしての最後の仕事から10年以上が経っていましたし、ファッションモデルの仕事をしたのは50年も前のこと。服がフィットするかどうか、ランウェイから落ちやしないか、心配は尽きません。

実際はすべてがうまくいきました。私を指名してくれたブランド、レッドオアデッドの1998年のテーマがネイティブアメリカンだったため、ハイヒールではなくモカシンを履けばよかったことにも助けられました。

ハンサムな若い男性モデルにエスコートされて、さっそうとランウェイを歩く。モデルとしてステージに立つのはこれが最後だろうと思いながら、心の底からその仕事を楽しみました。

70歳で、ヴォーグのオーディションに

ロンドンファッションウィークのファッションショーから数週間後、私を「発掘してくれた」レッドオアデッドのスタイリスト、ジョー・フィリップスが、ヴォーグに行ってみるといい、と連絡してきました。エイジングをテーマにした特集を組むらしいから、私がぴったりではないかと言うのです。

あのヴォーグ！　ファッション誌の！

興奮しつつも、面接に何を着ていくべきか慎重に考えました。

デザイナーの仕事に就いていた娘のローズの助けも借りて、ボンド・ストリートにあるデパート、フェニックで「年配モデル」にふさわしい、白いトップスと黒の

スカートを買い求めました。

ハノーヴァー・スクエアにあるヴォーグ・ハウスに着いたときは緊張していましたが、ヴォーグの人たちは私が思っていたほど「怖く」はなく、むしろ私に自信を与えてくれました。

その面接からほどなくして私は、世界的に有名なファッション・カメラマンのひとり、ニック・ナイトによる撮影に臨むことになったのです。

ニックもまた、とてもいい人でした。世界的に有名なカメラマンというのは、こんなにも一緒に仕事がしやすいものなのかと心底驚きました。ニックはモデルに、自分は特別な存在だと思わせてくれる何かを持っているのです。

エイジングがテーマのその現場には、大勢の年配モデルが来ていました。50代から80代が中心でしたが、ロシアから来たという笑顔が素敵なモデルはなんと100歳。

リラックスした雰囲気の中で撮影は進み、私自身、スタイリストと協力していろいろなチャレンジをしながら、イギリスを代表するデザイナー、フセイン・チャラヤンのドレスを着たベストショットを撮ってもらうことができました。

最高齢モデル、すばらしい日々の始まり

『ヴォーグ』誌の仕事ができたことも驚きでしたが、そのあとにもっと驚くべきことが待っていました。ロンドンにあるトップのモデルエージェンシー、モデルズ1から声がかかったのです。

モデルのスカウトを担当している素敵な女性エリスが『ヴォーグ』の撮影に来ていて、モデルズ1に入るよう誘ってくれたのでした。

数日後、私はキングス・ロードにあるモデルズ1の事務所にいました。そこで私は自分の娘ほどの年齢の若き責任者、ジェーン・ウッドと面会しました。

ジェーンは当初、エリスが私を来させたことに疑問を抱いていたかもしれません

が、すぐに打ち解けて、最先端を行く写真家、ジェームズ・マルドウニーのところでポートフォリオをアップデートするための写真を撮るようにと言いました。私のポートフォリオはずっと古いままで、たしかに全面的に更新が必要だったのです。

スタジオに行くと、独創的なスタイリスト、シンシア・ローレンスが私に繊細なレースのドレスをいくつも着せてくれました。撮影中、自分がちゃんとできているか自信がなかったのですが、写真の出来はどれもすばらしく、私はもちろん、関係者全員がとても喜んでくれました。

ほどなくして私は、多くの若いモデルたちにまざって、モデルズ1の最初の高齢モデルとして正式に登録されました。

すぐさま私の生活は一変しました。そして、それはすばらしい日々の始まりでした。趣味の絵を描く時間がまったくとれないほど忙しくなりました。

楽しげに、さっそうと歩く

モデルの仕事が忙しくなってからも、映画やテレビのエキストラの仕事は続けていました。仕事が舞い込んで喜んだのもつかの間、いくつかの仕事をしたあと突然オファーが来なくなってしまうモデルの話を、それまでたくさん聞いてきたからです。エキストラの仕事ができなくなるほどモデルの仕事が忙しくなるまでは、なんとか両立していました。

子どもたちはそれぞれ独立していましたが、急にモデルとして活躍し始めた母親のことを、わくわくしながら見守ってくれていたはずです。

モデルの仕事を再開した直後の数年間は、ランウェイを歩く仕事もこなしていました。現在は足が悪くなり、ハイヒールを履くことが無理になってできなくなりましたが。

どのブランドのショーも、ランウェイは戦場でした。何事も予定通りには進まず、予定は未定、変更の嵐。あのカオスの中からどうやってショーが成り立つのか、いつも不思議ですが、なぜか最後にはすべてが予定通りに終わるものなのです。

あるショーのあと、ヴィダル・サスーンが私のところに来て、若いモデルにウォーキングを教えてくれないかと頼まれました。私はただ、昔ギャビー・ヤングズ・エージェンシーで教わった通りに歩いているだけでしたが、それが良かったようなのです。

にこにこする必要はないものの、楽しげにさっそうと歩く。それが昔から変わらない私のウォーキングのスタイルです。

1998年のはじめから、ショー以外に、雑誌やコマーシャルの仕事も経験し、海外での撮影にも参加しました。モデルズ1に移ってからの最初の海外撮影は19

99年5月、化粧品メーカー、オレイのマラケシュでのコマーシャル撮影でした。その仕事はヨガができることでオファーされたものでした。ヨガと出会ったのは1950年代。それからずっと続けてきて良かったと思いました。今でも私はほとんど毎朝ヨガやストレッチをしています。

マラケシュから戻ると次はハヴァナで生命保険の広告撮影、さらにはアントワープで別の保険会社の仕事。このときの撮影は、私がボーイフレンドを持ち物もろとも投げ出す、というおもしろい演出でした。部屋の窓からスタンドや本、テレビやラジオなどを投げ出すのはびっくりするほど楽しい経験でした。

人との出会いが私の財産

夫ジムを失った数年後に、突然私は飛行機、しかもビジネスクラスに乗って、いいギャランティをいただいて、世界中とは言わないまでも、海外を忙しく飛び回るような日々を送ることができるようになり、本当に恵まれていると思います。

何よりも一番すばらしいのは、自分自身が心から楽しんで仕事ができているということです。

モデルの仕事の一番いいところは、すばらしい人たちに出会えること。撮影もショーも、一度仕事をしたら、みんな仲間です。そして、私ぐらいの歳になると、どこに行っても必ずといっていいほど、何かしら自分と関係のある人と出会えるものなのです。

2015年のはじめ、H&Mのキャンペーンでストックホルムに行ったとき、ほかのモデルの女性がたまたま私と同じ町に住んでいることがわかりました。

さらには、そのときのカメラマンは、一緒に仕事をしたことはなかったものの、前からの知り合いだったのです。

昔からの知り合いとの再会も楽しいものですが、新しく知り合いが増えるのも、うれしいものです。

モデルの仕事は「待ち」が付きものですが、自分の順番が来るまでほとんど1日中待機していなければならなかったパリでの撮影の翌日、ディレクターのジェニファーが、「昨日はお待たせしてごめんなさい」というメッセージと一緒に高級カフェ、カフェ・ド・フロールの名入りのかわいい水差しを届けてくれたこともありました。

撮影の最終日の夕食会では、そのレストランの店名「デイヴ」と同じ名前のカメラマンをねぎらうために、お店のお皿をプレゼントしたり……。こういう心遣いができる人との出会いがあるのが、モデルの仕事のいいところだとしみじみ思います。

雑誌『シー（She）』の撮影で、ディレクターから親しい友人が集まってクリスマスパーティを開いている感じを出してほしい、とリクエストされたことがありました。

現場はケント州にあるエリザベス朝のすばらしい邸宅。そのとき集められたモデルはお互いに初対面でしたが、親しい友人同士という演出で撮影を続けるうちに、その日の終わりには、全員が本当に前からの知り合いだったかのように仲良くなっていたのです。

自分について考える

モデルズ1に入ってから、新聞や雑誌の取材を受けることが多くなりました。取材の内容は、モデルとしての私のキャリアから私の人生そのものについてまで多岐にわたります。

モデル業についてプレゼンテーションをする機会も多いのですが、これには学生時代の教育とジムのアドバイスがとても役立っています。

学生時代、クラスのみんなの前で「2分間スピーチ」をしていました。話題は何でもいいのですが、決められた時間内に、いかに、具体的にはっきりとしゃべるかという訓練を積むことができました。

結婚後、教会で聖書朗読を始めることになったとき、私はジムに自分の声がはっきりと聞こえるかどうか、よくチェックしてもらったものでした。

ステージ・マネージャーだったジムは、こういうことの指導にはうってつけの人でした。おかげで私は、取材をたくさん受けるようになった時点ですでに、人前で話す準備ができていたというわけなのです。

幸い私は、インタビューで困ったことはありません。自分について語るのは私にとって難しいことではないからです。

日常生活や人生の過程に支配されてしまいそうなときもあるけれど、「本来の自分自身はどんな人間なのか」ということを立ち止まって見直すのはとても大切なことです。

80歳を超えた今だから、できること

80歳になったら、さすがにモデルの仕事は来なくなるだろうと思っていました。実際はその逆で、82歳になった2010年が、一番仕事が忙しかった年でした。「世界最高齢モデル」として注目され、ベルリン、プラハ、イビサ、パリ、そして北京など、海外に行き戻ってきてはまた出発、という繰り返しでした。

80歳になったから仕事がなくなる、ということではなく、むしろ80歳を超えてモデルをしているから仕事が来るのです。一般的なモデルさんより50以上も歳をとっていて、ふつうではないからこその仕事というわけです。

2011年、有名カメラマンが選んだ9人のモデルのひとりとして、ロンドンフ

ァッションウィークのランウェイを歩きました。このときの撮影は、2009年に設立されたオール・ウォークス・ビヨンド・ザ・キャットウォーク（All Walks Beyond the Catwalk）のためのものでした。ファッション界に多様性――サイズ、人種、年齢など――をもたらすべく設立された団体です。

85歳のときに、ギネス世界記録に「世界最高齢の現役モデル」として認定されました。80代になってもモデルをしているなんて、若いころには思ってもみないことでした。

もし、21歳の自分が誰かから「80代になってもまだランウェイを歩いているだろう」と言われたら、きっと笑い飛ばしただろうなと思います。

中国版『ヴォーグ』の撮影

エージェントが中国での仕事の話を持ってきたとき、最初は信じられませんでした。北京での撮影のためにビザが必要だという話が具体的に出てはじめて、はっきりと中国に行くことを意識しました。

中国版『ヴォーグ』のための撮影。シャングリ・ラ ホテルでのP&Gのファッションショー。なんてすばらしい機会なんでしょう！

フライトは9時間。ビジネスクラスで、エージェントのエレインが付き添いで行くと言い張り、私は「ナニー」付きで中国に行くことになりました。

11月末、期待と不安を抱きつつヒースロー空港を出発しました。不安は、中国サイドのエージェントのすばらしい世話係、サンタナのおかげで中国の地を踏んだその瞬間になくなりました。

彼はアメリカのアリゾナ州出身。北京語を学ぶため数年前に北京に来たということでしたが、語学に堪能であるだけでなく、大変よく気がつき、あらゆる手配を首尾よくこなす青年でした。

飛行機から降りるとそこに、彼が手配してくれた空港スタッフが待っていて、荷物のピックアップから税関手続きまで手伝ってくれました。

ホテルの部屋からは北京の街を一望することができて、その風景は私にはまるで、SF映画の一場面のようでした。エレベーターは高速かつ動きがなめらかで、部屋がある6階まであっという間に着いてしまいます。

ホテルに到着したのは昼前で、ランチをとってから午後は衣装およびメイクのチームとの打ち合わせ。翌日はリハーサルの予定だと思っていたのですが、大きな黒いリムジンに乗って、サンタナとエレインと一緒に観光に行きました。

エレインと私にとって、自転車や三輪タクシーが行きかう街中の風景も驚きの連続でした。まずは万里の長城に行き、息をのむほどの風景を堪能。その後は頤和園《いわえん》に行き、美しい庭園や湖、塔などを見てから、園内にあるレストランで昼食をとりました。

夜はすばらしいレストランで人生初の北京ダックを食べました。サンタナがどうしても食べてみてほしいと言うので食べたのですが、おいしかったし、料理が出てくるときのパフォーマンスも格別でした。添えられている野菜のあまりにも繊細な細工にもびっくりしてしまいました。

サンタナは何から何まで魔法のように完璧に手配してくれる青年で、彼みたいな執事がそばにいたらどんなにいいだろうと思うほど。

翌日はホテル内のミニスタジオで中国版『ヴォーグ』誌のための撮影でした。最初に着たのはずっと前から私が大好きなブランド、ドルチェ&ガッバーナ（D&G）のゴージャスな黒いパンツスーツに白いシルクのブラウス。

２００３年にイタリアのミラノで、２００７年にはイギリスのワイコーム・パークでＤ＆Ｇのキャンペーンに参加した私は、Ｄ＆Ｇの服を着た経験は豊富ですし、個人的にもかなりのファンです。けれども、普段フォーマルなパンツスーツを着ることはありません。

最近パンツスーツはもっとカジュアルに着ることが多く、スマートエレガンスのドレスコードの場合には、ほとんどドレスを着ています。

さらに、セリーヌの豪華なガウンに、フェンディのドレスでの撮影。いずれもブルガリのジュエリーを合わせていました。美しい服を着ることへの私の情熱は尽きることがなく、目まぐるしい衣装チェンジも嫌になることなどありません。

撮影が終わるとランチをはさんで大広間に移動し、ショーのリハーサル。モデルとヘアメイクが大勢いましたが、その中に12年前『ヴォーグ』誌の撮影のときに私のヘアの担当だったサム・マクナイトとメイクをやってくれたグラスパット・マグラスがいたのです。歓喜の声を上げてハグし合いました。

ショーの本番は大広間に巨大なランウェイが登場。周囲に美しい飾りが施されたテーブルが配置され、それぞれのテーブルにはイブニングドレスをまとった女性たちが座っていました。

その日、私はトリを務めたのですが、これまでの私の仕事を紹介するビデオが流れてからステージに登場するという演出で、最後にお客様からの拍手喝采を浴びて、最高に特別な気分でした。

ショーのあと、タイムカプセルに入れるメッセージを書くように頼まれた私は、「この美しい都市にまた帰ってこられますように」という願いを書きました。

さらに、カメラマンやジャーナリストからの取材、ニュース番組や雑誌のインタビューなどが続き、エレインがなかば強引に私を会場から連れ出してくれたときには、夜中の1時をまわっていました。翌日、私たちはロンドンに飛んで帰りました。

中国のあとはパリへ

イギリスに帰国した翌日、イタリアの雑誌『ジョイア』の撮影のため、特急ユーロスターに乗ってパリへ向かいました。

夢のような北京での日々から突然、現実に戻される出来事が。夕方パリに到着してホテルにチェックインすると、そこはベッド&ブレックファストでレストランがないとのこと。幸いホテルのスタッフの言う通り、近くには食べるところがたくさんあり、夕食を軽く済ませる場所はすぐ見つかりましたが。

翌朝エッフェル塔を眺められる素敵なアパートに連れていかれました。その日は10着の撮影とインタビューが予定されていましたが、中国での疲れも出ず、私はやる気満々でした。

友だちの中には、数時間の間に10着も着替えて撮影すると聞くとぎょっとする人もいますが、これが私の仕事。そして、とびきり美しい服が着られるのですから、苦などありません。16着の撮影も経験しましたが、それもまったく問題なくこなせました。そばにスタイリストがついていて、何もかも手伝ってくれるのですから。

その日の10着はすべて有名デザイナーによるもので、どの服も楽しく着ることができました。82歳の私が、クリーム色のショートパンツに黒のタイツという格好をするのがどうだったかについては自信がありませんが！　闘牛士風の黒い帽子をかぶったのも楽しい経験でした。

ライクラ製のミニの赤いドレスは動けないほどタイトでしたが、着てみるととても素敵でした。ミニスカートは昔からはき慣れているので、それほど気になりません。ただ、近年ミニのスカート丈がどんどん短くなっているような気はします。

そのときのカメラマン、イラリア・オルシーニとはお互いを理解し合える感覚があり、撮影はスムースに進みました。トップのカメラマンはみな、モデルの心の内を読み、かつモデルに、「自分は世界一だ」と思わせてくれる、そんな能力の持ち主なのです。だからこそ、ベストショットが撮れるのでしょう。

撮影現場になったアパートはミニマリストのお手本のような部屋で、私はどこにものがしまってあるのかと、住人の女性を質問攻めにしてしまいました。部屋の仕切りが実は収納になっていて、中に本や日常に必要なこまごましたものがしまってあるのを見せてもらいました。

ランチはアシスタントさんが近くで買ってきてくれたキッシュやサラダなどでさっと済ませて、午後もずっと撮影。

夜遅くホテルに戻ったときにもまだおなかがいっぱいで夕食をとる必要もなく、B&Bに泊まっていても何ら問題はありませんでした。

翌朝、イギリスに戻りました。

ダンス、ダンス、ダンス

アメリカのホテルのコマーシャルのオーディションで、ダンスをしてみせてくれないかと言われたことがありました。若いころ、ダンサーとして何年もトレーニングを積み、ステージにも立った私にとってはお安い御用。フランク・シナトラの歌声が流れるスタジオで、私は思いのままに踊りました。スピンをしたり、体を揺らしたり、脚を高く上げたり。

しばらく踊っているうちにふと思ったのです。楽しいからいいけれど、いくらなんでも時間が長すぎないかしら、と。

やっとストップがかかったときに、思わずディレクターに言ってしまいました。

「どうしてこんなに長く?」

「あなたの踊りを見てるのが楽しかったからよ!」。彼女はそう言ってくれました。

そんなわけで、その仕事をとることができました。

撮影は、ハンサムな青年とのロマンチックなダンスシーンから始まりました。

ただし、私たちの周りにはかわいいジャーマンシェパードのワンちゃんたちがいるという演出で、スタッフも餌が入ったボウルを片手に右往左往。ワンちゃんたちに階段を上がったり下りたりしてもらうのはなかなか大変で、撮影は深夜までかかりました。

私の出番が終わったあと、なんとさらに、子猫、アヒル、さらには鹿まで登場したとか。動物が登場するコマーシャルはチャーミングですが、舞台裏は大変です。

少女のころの気持ちを忘れずに

よく「その年齢でまだ働いているなんてすごいですね」と言われるのですが、楽しくて仕方がないことをなんでやめる必要があるでしょう？

私は、この年齢でまだ仕事があることを、ありがたいと思っています。もちろん今は、モデルズ1に登録したころほど仕事があるわけではありませんが、いただく仕事はどれも興味深く、たいていはギャランティもよく、私はとてもしあわせです。

80代半ばになってもなお、私の中には、庭で「ドレスアップごっこ」をして遊んだ少女のころの気持ちが残っています。ですから、2011年のはじめに、雑誌『デイズド・アンド・コンフューズド』の撮影で、シャネルやビバ、プラダ、ポール・スミス、マーク・ジェイコブス、ミッソーニ、ロンシャンなどのため息が出るほど美しくかつ高価な服を着られたときは夢のようでした。

このときは、カメラマンのベン・トムスが青年と老婦人の恋をテーマにした1971年の映画『ハロルドとモード 少年は虹を渡る』をコンセプトに据えていたため、ハンサムな若い男性モデル（伝説的写真家デヴィッド・ベイリーの息子、サーシャ・ベイリー）との撮影でした！

現場はロンドン郊外、サリー州ギルフォードにある廃墟《はいきょ》となった農家で、到着してみると庭にたき火がおこしてあり、セッティングの間、火を囲んでお茶を飲んだのもいい思い出です。

そのたき火は、オーナーの女性から寝ずの番を頼まれた男性がたいていたものだったのですが、オーナーさんは前日、パティオの敷石が盗まれているのを発見、これ以上問題が起きないように彼に見張りを頼んだのでした。

廃屋と壊れたガレージと放置された車。それらをバックにポージングをして撮影したあと、近くの丘の上にある聖マルタ教会に移動して撮影をしました。そこには徒歩でしか行かれなかったのですが、丘の上からは自然が豊かなサリーヒルズのすばらしい景色を一望することができました。

丘の上の小さな聖マルタ教会へは、撮影でなければ絶対に行かなかったでしょう。さまざまな場所に行くことができるのも、モデルの仕事の特権と言えるかもしれません。

物事にこだわらず、何でもやってみる

風変わりな服を着たりする、変わった撮影も大好きです。2009年にファッション・カメラマン、マルコ・ドゥトゥカと、歴史上の画家のセルフポートレートを撮る、というとてもおもしろいプロジェクトに取り組みました。デューラー、ターナー、レイノルズ、レンブラント――全員男性ですが――を私の顔を使って老婦人として再現するという内容で、歴史的画家たちのスピリットを呼び出す試み、というのがこのプロジェクトの目的でした。

衣装もヘアもメイクアップも大掛かりなもので、私は撮影を大いに満喫しましたが、写真展も大変好評だったようです。

2012年、国際協力団体オックスファム（Oxfam）からエージェントに連絡があり、発展途上国の女性にブラジャーを寄付する「ビッグ・ブラ・ハント・キャンペーン」への協力を依頼されました。

私はそのキャンペーンのために、ジャンポール・ゴルチエがマドンナのためにデザインしたブラジャーとコルセットのレプリカを身に着けた姿で撮影し、その写真が掲載された新聞やポスターがイギリス中に出回りました。

カメラマン、ペローの写真は世界中から反響を呼び、私宛に、アメリカのアリゾナ州フェニックス在住の女性からファンレターが届いたこともありました。とてもやりがいのある仕事でしたが、撮影中ふと「83歳にもなって、コルセットを着けただけの姿で写真を撮られてるなんて！」とも思いました。1950年代には女性がみんなコルセットを着用していたことなどを思いながら、なんとか心を落ち着けたのですが。

実験的な撮影にもいろいろと挑戦しました。友人でもある若きワイルドなカメラマン、ロージー・コリンズはロンドンオリンピックのあと、彼女の自宅で私を撮影したとき、エレガントなドレス姿でエクササイズバイクに乗った私に、陸上競技のモハメド・ファラー選手の代名詞、モボットポーズをさせて撮影した人です。

彼女が次に提案してきた、飛行機の「外」でポージングをするという案はエージェントに却下されました。私は「いいわよ。飛行機から飛び降りたりするのは未経験だけど、飛行機にはさんざん乗ってきたし」と言ったのですが、エージェントが「絶対にだめです。保険契約外です」と言うので、ロージーはコンセプトを変えて、むちを打ち鳴らすサーカスの団長という演出でいくと言い、もちろん私はそれをOKしました。

イースト・ロンドンにあるギャラリー・イン・レッドチャーチストリートの写真展のために「バットマンのおばあさん」という設定で写真を撮るというオファーがあったときも、もちろん私はOKしました！

フランス人カメラマン、ジェラルド・ランシマンは現場で、ダンサーのフィリップ・アレクサンダーと私に、ミケランジェロ作の「ピエタ像」のキリストとマリアを演じさせて撮ることを思いついたのですが、衣装がない、ということになり、急遽《きゅうきょ》デザイナーが黒いゴミ袋を2枚使ってドレスを作ってくれたのです。なんとそのドレスはなかなかの出来栄えでした。

ある友だちがずっと、「あなたはきっとゴミ袋を着ても素敵なはず」と言ってくれていたのですが、まさにそれを試してみることができた瞬間でした。

物事にこだわらず、何でもやってみよう、という姿勢でいれば、人生はより楽しいものになる。これは、そんなことを実感する出来事でした。

行き先がわからなくても

ある日エージェントから電話がきて、ドルチェ&ガッバーナ（D&G）の仕事が決まったと言われたときはすごく興奮しました。D&Gの仕事はモデルにとって名誉あるものです。D&Gはいつも、モデルひとりひとりのショットではなく、何人かをまとめて、グループショットを撮るのですが。

２日後の日曜日に飛行機に乗り、カターニャのそばのエクセルシオール・パレス・ホテルに滞在するというスケジュールを告げられました。私は以前のD&Gの仕事同様、撮影はミラノで行われると思っていたので、ミラノの地図を広げてカターニャを探しましたが見つからず、「郊外かしらね」と思いました。

ｅチケットを手にガトウィック空港に行き、出発ゲートに向かいました。行き先はカターニャとなっていて、私はその時点でもまだ、「ミラノにある小規模空港の名前かしら」などと思っていました。

離陸後の機長のアナウンスによると飛行時間は3時間とのこと。「あら？　ミラノに向かうにしては長すぎるわね」。ここでちょっと不安になりました。

着陸態勢に入ってから、近くの席にいた子どもが窓の外を見ながら「エトナ火山が見えた！」と言うのを聞いて、自分がシチリア島に向かっていることにはじめて気づきました。カターニャはミラノではなくシチリア島にあったのだと。

空港にはエクセルシオール・パレス・ホテルから迎えが来ていました。車で1時間ほどのタオルミーナにあるホテルに到着したときには夜になっていて、夕食は手配済みのルームサービスで済ませ、翌朝も起床したときはまだあたりが暗く、霧も出ていて窓からの景色がよく見えませんでした。だんだん明るくなるにつれて、自分が海を見渡せる景色のすばらしい部屋に泊まっていることに気づき感激しました。

初日の撮影場所はすぐそばのホテル、メトロポール。食事や衣装、メイクアップその他の大勢のスタッフはスタンバイ済み。朝食には以前ミラノでD&Gの撮影に参加したときにも飲んだ、とびきりおいしいレッドブラッドオレンジジュースがありました。

初日は男性モデル中心、次の日が女性モデル中心の撮影でしたが、天気にも恵まれ、タオルミーナの広場や街の美しい景色の中での撮影は大変楽しい仕事でした。

2日目は撮影が夕方6時に終了。それぞれいったんホテルに戻ってから、あらためて、レストランに集合してみんなで夕食をとることになりました。そこはタオルミーナで一番との評判のレストランで、私たちみんなをここに連れてくる手配をするのはきっと大変だっただろうと思い、スタッフに感謝しました。

レストランの責任者が料理の説明をいろいろとしてくれるなか、私はあまり食べたことのなかった、タコやハタ、マグロなどを試してみました。地元産のワインもふるまわれ、とても思い出深いディナーでした。

ポール・マッカートニーのプロモに出演

2012年、私は『ブラン（Blanc）』誌で、ファッション写真家ルイ・バンクスのワイルドな撮影のために、ほとんどがゴムで作られたかなり風変わりな服を着ることになりました。日常ではとても着たいと思うようなしろものではありません。レディー・ガガのあの「生肉ドレス」をデザインしたフランク・フェルナンデスのドレスは、着たり脱いだりするのに体をくねらせなければならず、大変。それでもその若い写真家は、私が次々と新しいポーズを考え出すので驚きっぱなしでした。

この年、私はポール・マッカートニーの新しいシングル『クイーニー・アイ（Queenie Eye）』のプロモーションビデオに出演しました。彼はとても優しく、彼のお嬢さんで写真家のメアリーとお仕事をしたことに彼が触れてくれたことがうれしかったです。

撮影は、『ザ・レイト・レイト・ショー』のジェームズ・コーデンとジョニー・デップと一緒でした。ジェームズ・コーデンにはそのときはじめて会いました。でも、ジョニー・デップには、「昔あなたの映画に出たことがあるのよ」と言いました。彼はそのときのことをもっと知りたがったのだけれど、どうやってもその映画のタイトルが思い出せません。

そこで、青いスクリーンの前で彼が馬に乗っていたと説明したら、彼はそのシーンを思い出したのに、なんと彼もタイトルを思い出せず（あとで『スリーピー・ホロウ』だったとわかったのだけれど）、ふたりで大笑いして会話が弾んだことを思い出します。

歳を重ねたからこそ、できること

2013年の仕事で印象深かったのが、スコットランドの監督、スー・ボーンのドキュメンタリー映画『ファビュラス・ファッショニスタ（すばらしきおしゃれな女性たち）』への出演でした。

監督は「6人のスタイリッシュな女性を通じて、美しく歳を重ねるということについて考察したい」と言っていました。私を含めた出演者の平均年齢は80歳。監督によると私たちは「人生のうま味を一滴残らず味わいつくそうとしている人たち」だとのこと。

撮影も、仲間とのランチ・パーティも満喫しました。6人の中でプロのモデルは私ひとり。会ったことがあるのは活動家のブリジット・ソジャーナだけで、スタイリストでデザイナーのファニー・カーストや、ミュージカル『キャッツ』の振り付けで有名なジリアン・リン、アーティストでキュレーターのスー・クライツマン、イギリス貴族院議員のトランピントン女男爵、ネットで有名なファッショニスタのジーン・ウッズとは初対面でした。

全員とてもフレンドリーかつとても興味深い人たちで、映画の中ではそれぞれの個性のぶつかり合いが輝きを放っていたと思います。

このドキュメンタリー映画はイギリスの公共放送チャンネル4で取り上げられたほか、世界各地で上映されました。

人生は、何が起こるかわからない

撮影やショーの仕事に携わることができたら、すばらしい人たちと一緒に夢のような衣装を身に着けて、スタイリストやメイクアップアーティストなどいろいろな人の支えでスポットライトを浴びることができる——これがモデルの仕事です。ギャランティもいいし、毎日働く必要もありません。

ただし、次の仕事が来る保証もなく、次の仕事がいつスタートするかもわかりません。

モデルの仕事はすべて、ブランドやカメラマンからのオファーで成り立つもの。オーディションで仕事をもらえなくても、「彼らが求めたものと違ったんだわ」と考えて、パーソナルな問題として考えないことが大切だと思うのです。だめだったことはだめだったこと。引きずらずに「次へ行く！」というのが私のやり方です。きっと両親は、仕事を含め、私が今送っている生活を理解できなかっただろうなと思います。一番はテクノロジー面の劇的な変化です。携帯電話やタブレットの登場によって、モデルの仕事は格段にしやすくなったと思います。

現場への移動中に電車が遅れたりすると、昔は連絡をとるために、小銭を握りしめて電話ボックスを探し回ったものですが、今はその場で携帯電話からメールを送れば済みます。

さらに、昔のモデルはオーディションや売り込みに行く際にはいつも、Ａ３サイズの重いポートフォリオを担いでいましたが、今はタブレットに入れてそれを持ち歩けばいいだけです。

私はたまたま父から好奇心旺盛という性格を受け継いで、今もなお、オファーされる仕事を楽しみながら続けています。

89歳の私がまだモデルの仕事をしていること自体、奇妙なことかもしれません。
人生とは、何が起こるかわからないものだなと思います。

気に入ったものはとことん使う

娘のローズは私のスタイルを「クラッシー・ファンキー」だと言います。クラッシーというのは、質がいいとか、高級な、しゃれた、上品な、というような意味で、一方ファンキーは、型にはまらないとか、独創的な、という意味があります。

私の現在のワードローブは、母から受け継いだ帽子やスカーフ、夫の母から受け継いだ1920年代や1930年代のドレスや帽子、自分でミシンを使って縫った数々のドレス、最近になってアンティークショップで見つけたいわゆる「ビンテージ」の服やアクセサリーなど、さまざまなものがミックスしていて、私の人生そのものです。生まれたときに両親が準備してくれた最初の靴や、はじめて着せてもらったウールの水着もとってあります。

ワードローブが充実している今はもう新たに服を作ることはないので、家の最上階にある裁縫室ではもっぱら手直しをしています。

長年生きていると、ファッションの流行が繰り返すものだということがよくわかります。２０１５年のロンドンファッションウィークが１９５０年代風だったことに気づいたのは私だけではなかったはずです。ふくらはぎまでの丈のスカートに、ウエストを強調するスタイルはまさに１９５０年代の流行そのもの。

いったん流行遅れになったものもまたサイクルが巡ってくれば着られるし、手直しすればどの服もずっと着続けることができるのです。

抗うよりも、受け入れる

明日がどうなるかはわからない。誰にとってもそうですが、この年齢になるとそれが切実な思いとして心のどこかにあり、毎日を大切に生きよう、と強く思って日々を過ごしています。

これまでに出会った、さまざまな格言やフレーズの中でも特に気に入っているのが「笑顔はフェイスリフトと同じ効果がある」というもの。「誰でも強制的に歳はとるけれど、成長するかどうかはその人次第」という言葉も、いつも心に留めています。

私は生まれつき前向きで楽観的な性格です。モデルの仕事にこれがとてもプラスだったと思います。

健康に恵まれたことにも感謝しています。今は血管炎と診断された足はもうハイヒールを履くことができない状態ですが、そのほかにはとりたてて健康上の問題はありません。

美容のために気をつけていることは何か、と訊かれることがありますが、心掛けているのはごく基本的なことです——睡眠をしっかりとり、食事に気をつけること。エネルギッシュで太りにくい体で生まれたのは幸運でした。

また、長生きの家系で、そういう遺伝子を受け継いでいるのかもしれません。普段から水分をしっかりとり、出来合いのものはほとんど口にしません。食事はできるだけ自分が作ったものをとることにしています。野菜もずっと庭で育ててきましたが、現在はそこまではできなくなりました。

運動が好きで、乗馬やダンス、サイクリングやウォーキングなど、いろいろなことをやってきました。ガーデニングや家事を含め、いつも活発に動いている生活が、健康と美容にプラスだったのかなと思います。

今でも、シチュエーションに合わせたメイクを楽しみますが、夜にはしっかりオフすることを心掛けています。「落として、整えて、栄養を与える」というスキンケアの基本を忠実に守っているのです。

新しいタイプのメイクやスキンケアを試すのも大好きですが、法外なお金がかかるものには手を出しません——プレゼントされない限りは。たまにそういうチャンスがあると、喜んで試させてもらっています。

洗髪は原則週に1度です。髪がどんどん細くなってきたので、髪のコシをアップしたり育毛を促進したりしてくれる商品をいつも探しています。

美容院にはもうほとんど行きません。長くなりすぎたなと思ったら、毛先を自分で切るか、娘たちに切ってもらうかしています。

白髪を気にして染めていた時期もありましたが、3週間ごとに美容院で染めるのが嫌になって、60歳になったときにきっぱりやめました。ありのまま、自然にまかせることにしたのです。不思議なことに、髪を染めるのをやめたら、仕事が前よりも増えました。

髪が長いと、さっとまとめたり、アップにしたりすることができて、楽でおすすめです。歳をとると、アップが似合うような気がしますし、ショートやミディアムのように、しょっちゅう美容院でカットしなければスタイルを維持できない、ということもありません。

何事も自然にまかせて、ありのままでいるのが好きなので、美容整形は考えたこともありません。歳をとるのは当たり前、自然なことです。私はそれと「闘う」よりも、それを「受け入れる」というスタンスでいるのです。

ただし、美容整形が精神的にプラスになる人がいることも理解しているので、美容整形そのものや、美容整形をする人のことを批判するつもりはありません。

しあわせを自分で探す

数年前、エンターテインメント業界で権威ある女性団体、ザ・グランド・オーダー・オブ・レディ・ラトリングス（ＧＯＬＲ）から声をかけてもらい、メンバーになりました。

ＧＯＬＲの主な活動は業界の団体や個人の援助のための資金集めで、設立は１９２９年。メンバーになるにはショービジネスに関連する経歴が必要で、私が選ばれたのは、１９５０年代にダンサーとして活動していたことと、エキストラとしての仕事が評価されたためでした。

すばらしい仲間と協力して、困っている人のための支援活動をするのは、非常にやりがいがあり、かつ楽しいものですし、GOLRのメンバーになったことを大変誇りに思っています。

もうひとつ、私が人生の集大成として取り組んでいるのが、オンラインのモデル養成講座「ダフネ・セルフ・モデル・アカデミー」です。プロのモデルとして知っておくべきことを次世代に伝えるのを目的としてスタートしました。娘のクレアが、インターネットの技術面で私を支えてくれています。

モデルとしてこの歳まで活動してきた私には、モデルになりたての、もしくは目指している若い世代の子たちに、失敗しないために伝えておきたいことがいろいろあります。生徒からの質問に答えたり、アドバイスをしたりするのも楽しく、逆にこちらが新しく学べることもあって、いつも感動や驚きをもって活動しています。

オンライン講座という特性ゆえに、生徒はロンドンに限らず、イギリスじゅうから集まっています。イギリス国外の生徒もいるかもしれません。

人生は何が起きるかわからない。明日がどうなるかもわかりません。

明日突然また、ショーや撮影のオファーが舞い込んでくるかもしれないのです。なかなか趣味の絵を描く時間がとれないのが悩みですが、それも考えようによっては大変ありがたいこと。そんな風に思っています。

生きていくうえで大切なのは、与えられた環境の中で、良いときも悪いときも、いかに、しあわせを自分で探していくか、なのではないかと思うのです。

日々、自分の力を発揮し、誰かのために働くことができる——これ自体が生きていることのご褒美だと私は思います。

装幀　山本知香子
写真　Nick Ballon/Camera Press/アフロ
翻訳　西山佑
翻訳協力　(株)オフィス宮崎
口絵写真　p 1　Nick Ballon/Camera Press/アフロ
p 2 上 Paul Stuart/Camera Press/アフロ
左下 WENN/アフロ 右下 著者提供
p 3　WENN/アフロ p 4　Shutterstock/アフロ

〈著者紹介〉
ダフネ・セルフ　1928年生まれ。イギリス在住の現役ファッションモデル。最愛の夫の死後、70歳でモデル業に復帰する。2014年、世界最高齢のスーパーモデルとして、ギネスブックに認定された。名だたる一流ブランドのランウェイモデルやファッション誌のカバーモデルとして、現在も活躍中。16年、日本で刊行した『人はいくつになっても、美しい』が話題となる。

GENTOSHA

人生は、いくつになっても素晴らしい
2018年6月20日　第1刷発行

著　者　ダフネ・セルフ
発行者　見城 徹

発行所　株式会社 幻冬舎
〒151-0051 東京都渋谷区千駄ヶ谷4-9-7

電話：03(5411)6211(編集)
03(5411)6222(営業)
振替：00120-8-767643
印刷・製本所：図書印刷株式会社

検印廃止

Printed in Japan
ISBN978-4-344-03316-0 C0095
幻冬舎ホームページアドレス　http://www.gentosha.co.jp/

この本に関するご意見・ご感想をメールでお寄せいただく場合は、
comment@gentosha.co.jpまで。